普通高等教育教材

海军重点建设教材配套实验教材

# 大学化学实验

李红霞　李帅杰　李　宇　主编



化学工业出版社

·北京·

## 内容简介

《大学化学实验》是大学化学课程使用教材——《化学原理及应用》（第二版）的配套教材，全书由绪论、基本实验操作、基础实验、综合实验及附录五个部分组成，主要包括油品燃烧热的测定、质子转移平衡常数的测定、电极电势与氧化还原反应、金属的腐蚀与防护、舰艇润滑油运动黏度的测定等20个实验。

《大学化学实验》可供军队院校基础化学实验教学使用，同时也适合地方高等院校理工科本科生、研究生使用，也可供化学、材料学、机械、电子、地质、能源、环境、冶金等相关专业尤其是船舶与海洋工程、军事工业等的专业技术人员和任职培训人员参考。

**图书在版编目（CIP）数据**

大学化学实验 / 李红霞，李帅杰，李宇主编. 北京 ：化学工业出版社，2025. 8. -- (普通高等教育教材). -- ISBN 978-7-122-48390-4

Ⅰ. O6-3

中国国家版本馆 CIP 数据核字第 20255W3J99 号

责任编辑：马泽林　杜进祥
文字编辑：史亚琪
责任校对：李雨函
装帧设计：刘丽华

出版发行：化学工业出版社
（北京市东城区青年湖南街 13 号　邮政编码 100011）
印　　装：大厂回族自治县聚鑫印刷有限责任公司
787mm×1092mm　1/16　印张 6¾　字数 154 千字
2025 年 11 月北京第 1 版第 1 次印刷

购书咨询：010-64518888
售后服务：010-64518899
网　　址：http://www.cip.com.cn
凡购买本书，如有缺损质量问题，本社销售中心负责调换。

定　　价：35.00 元

# 前言

大学化学课程是面向海军生长军官高等教育大多数专业的自然科学类的必修课程。党的二十大指出“实施科教兴国战略，强化现代化建设人才支撑”“科技是第一生产力、人才是第一资源、创新是第一动力”。而军队院校教育需为强国兴军服务，培养德才兼备的高素质、专业化新型军事人才。因此，本书以新时代军事教育方针为指导，实验内容紧贴大学化学课程的教学内容，同时突出军事特色和学生岗位需求，相关实验与军事装备应用结合紧密，实际操作性强。本书的编写特点主要体现在以下几个方面：

（1）结构层次分明，能力生成递进。全书主要内容分为三部分。第一部分为基本实验操作，旨在使学生了解并熟悉化学实验的基本操作技能；第二部分为基础实验，旨在使学生的化学理论知识得到巩固和提高；第三部分为综合实验，旨在提高学生自学、实验设计、查阅资料等能力，强化学生的实验动手能力。

（2）紧贴装备应用，突出海军特色。在实验内容上设置舰用锅炉水水质综合测试、舰艇润滑油运动黏度的测定、油品燃烧热的测定等与海军装备应用结合紧密的相关实验，实验内容突出化学在军事活动中的应用，反映海军舰船装备中重要的化学问题。

（3）融合信息技术，打造数字教材。本教材结合数字化教学资源，通过扫描二维码即可观看实验操作视频等多媒体资源，帮助读者更直观地理解实验内容，增强学习效果。这种融合信息技术的方式，不仅丰富了学习方式，也增强了教材的实用性和互动性。

本书由李红霞、李帅杰、李宇、辛颉、李瑜和王轩编写。其中，第一章由李红霞、李帅杰编写，第二章、第三章由李红霞编写，第四章由李红霞、李宇编写，附录由李红霞、李帅杰、李宇、辛颉、李瑜和王轩编写，数字资源由李红霞、辛颉、李帅杰拍摄提供。全书由李红霞统稿。

本书在编写过程中得到了同行以及多位老师的大力帮助，在此表示衷心的感谢！

由于本书内容涉及面广，编者水平有限，书中存在不完善之处在所难免，敬请同行和读者批评指正！

编者

2025 年 3 月

# 目录

## 第一章　绪论



## 第二章　基本实验操作



## 第三章　基础实验

## 第四章　综合实验



## 附录　常用仪器及其使用方法



## 参考文献

# 第一章
# 绪论

## 第一节 大学化学实验的目的和要求

### 一、大学化学实验的目的

实验是探索未知世界的重要途径，化学是一门以实验为基础的学科。在大学化学教学中，实验是不可缺少的一个重要组成部分，是培养学生独立操作、观察记录、分析归纳、撰写报告等多方面能力的重要环节。大学化学实验的主要目的可以归纳为以下几点：

（1）使课堂中讲授的重要理论和概念得到验证、巩固和充实，并适当地扩大知识面。大学化学实验不仅能使理论知识形象化，还能说明这些理论和规律在应用时的条件、范围和方法，较全面地反映化学现象的复杂性和多样性。

（2）培养学生正确地掌握一定的实验操作技能。有正确的操作，才能得出准确的数据和结果，而后者又是得出正确结论的主要依据。因此，化学实验中基本操作的训练具有极其重要的意义。

（3）培养学生独立思考和独立工作能力。学生需要学会联系课堂讲授的知识仔细地观察和分析实验现象，认真地处理数据并概括现象，并从中得出结论。

（4）培养学生的科学工作态度和习惯。科学工作态度是指实事求是的作风，忠实于所观察到的客观现象。如发现实验现象与理论不符时，应检查操作是否正确或所用的理论是否合适等。科学工作习惯是指操作正确、观察细致、安排合理等，这些都是做好实验的必要条件。

### 二、大学化学实验的要求

**1. 认真预习**

充分预习实验教材是保证做好实验的一个准备环节，是做好实验的前提。为确保实验质量，学生必须完成以下内容：

（1）认真学习实验教材的有关章节，并参阅相关教科书和基本资料，了解该实验的目的，掌握实验原理和实验的内容，明确注意事项。

（2）了解实验所涉及的基本操作及仪器设备的使用方法。

**2. 实验环节**

实验是培养学生独立工作能力和思考能力的重要环节，学生必须认真独立地完成实验规定的全部内容。

（1）实验课上，教师会对实验内容进行讲解、操作示范或总结、讲评，学生必须认真听讲并领会，对一些重点和注意事项还应该做好笔记，对不理解的问题及时提问。

（2）按照教材内容认真操作、细心观察，如实记录实验现象和原始数据。

（3）在实验中遇到疑难问题或者反常现象时，不要随意放弃，应该认真分析原因，在教师指导下重做或者补做实验内容。因为从疑难问题或反常现象中会学到书本上没有的知识，也会增强解决问题的能力。

（4）实验中要自觉养成良好的科学习惯，始终保持整洁、有条不紊的工作作风，自觉遵守实验室规则，注意安全，节约水、电和药品，爱护仪器和设备。

**3. 完成实验报告**

实验报告是实验的总结，必须认真完成。写好实验报告是培养学生思维能力、书写能力和总结能力的有效方法。实验报告要求格式正确、报告完整、书写工整、作图和数据处理规范。实验报告的内容包括实验目的、实验原理、实验操作步骤、实验记录（包括实验现象、原始数据）、实验结果（包括对实验现象进行分析和解释，写出相关反应的化学方程式，对原始数据进行处理）、问题和讨论（包括对实验中发现的问题提出自己的见解，对实验内容和方法提出改进意见）等。

## 第二节　实验数据的记录、处理及误差分析

### 一、实验数据的记录

实验数据记录包括实验名称、日期、实验条件（如室温、大气压力等）、仪器型号、试剂名称与级别、溶液的浓度以及直接测量的数据（包括数据的符号和单位）。

数据记录一定要做到准确完整、条理分明、实事求是，切忌带有主观因素，绝对不能随意拼凑和伪造数据。如果在实验中发现数据错误而需要改动，则可以将该数据划去，将正确的数据写在旁边，切勿乱涂乱画。这样做的目的是保留原始数据，方便日后查找。

记录实验数据时，保留几位有效数字应和所用仪器的准确程度相适应。例如，用1/10000的分析天平称量时，数据应当记录至0.0001g，滴定管和移液管的读数应该记录至0.01mL。

实验记录的每一个数据都是测量结果，所以重复测量时，即使数据完全相同，也应该记录下来。记录时，对文字记录，应简明扼要；对数据记录，应尽可能采用表格形式。实验过程中涉及的各种特殊仪器的型号和标准溶液浓度等，也应及时、准确地记录下来。

### 二、有效数字

在实验过程中，遇到的数字有以下两类：

一类是数目，如测定次数、倍数、系数等，这类数目为非测量所得，是足够精确的，

不存在准确度的问题。例如，化学反应中各物质的物质的量的变化关系是按化学计量数进行的（如 $H_2SO_4$ 与 NaOH 之间按 1∶2 进行反应），1g=1000mg 等，这里的“2”“1000”是足够准确的。

另一类是测量值或计算值，数据的位数与测定准确度有关。记录的数字不仅表示数量的大小，而且要正确地反映测量的精确程度。

实验中经常需要对某些物理量（如质量、体积等）进行测量，从中获得一些数值。而数值表示得正确与否，直接关系到实验的最终结果是否合理。

**1. 有效数字的意义和位数**

从仪器上能直接读出（包括最后一位估计读数在内）的几位数字叫作有效数字（所谓有效数字，就是在一个数中，除最后一位是不确定的外，其余各数字都是确定的。具体来说，有效数字就是实际上能测到的数字）。显然实验数值的有效数字位数与测量用的仪器的精密度有关。例如，某物体在台式天平上称量得 5.6g，由于台式天平的精密度为 0.1g，因此物体的质量为 5.6g ± 0.1g，它的有效数字是 2 位。如果该物体在分析天平上称量，得 5.6155g，由于分析天平的精密度为 0.0001g，因此该物体的质量为 5.6155g ± 0.0001g，它的有效数字是 5 位。又如，用滴定管量取液体，能估读到 0.01mL，若其读数为 23.43mL，它的有效数字是 4 位。

可见在有效数字中最后一位是估读数字，因此任何超过或低于仪器精密度的有效数字都是不恰当的。例如，前述滴定管读数为 23.43mL，不能当作 23.430mL，也不应当作 23.4mL，因为前者夸大了实验的准确度，而后者降低了实验的准确度。

有效数字的位数可以用下面几个数值来说明：

| 数值 | 23.00 | 23.0 | 23 | 0.2030 | 0.0203 | 0.0023 |
|---|---|---|---|---|---|---|
| 有效数字的位数 | 4 位 | 3 位 | 2 位 | 4 位 | 3 位 | 2 位 |

可以看出，数字 1～9 都是有效数字，而“0”是否为有效数字，应视具体情况而定。

① 如果“0”在数字的前面，它只表示数值中小数点的位置，而不是有效数字。

② 如果“0”在数字中间，则表示一定的数量，是有效数字。

③ 如果“0”在数字后面，一般也是有效数字。但像数值 23000 中的 3 个“0”是否为有效数字，容易产生误解，应该按照测量所得的精密度，采用科学记数法表示。若表示为 $2.3\times10^4$，这时是 2 位有效数字；若表示为 $2.300\times10^4$，则是 4 位有效数字。

对数中的有效数字，如 pH、p$c$、lg$K$ 等对数值，其有效数字的位数仅取决于小数部分数字的位数，因整数部分只说明该数的方次。例如，溶液中氢离子浓度 $c(H^+) = 6.8\times10^{-3}mol\cdot L^{-1}$，其 pH 为

$$pH = -lg[c(H^+)/c^{\ominus}] = -lg(6.8\times10^{-3}) = 3-lg6.8 = 3-0.83=2.17$$

这是由于真数 $6.8\times10^{-3}$ 的有效数字位数为 2 位，其对数的尾数只能取 2 位有效数字（0.83），其首数 3 来自被认为是足够准确的负指数，所以 pH 的有效数字实际的位数应是 2 位（0.17），而不是 3 位。

**2. 有效数字的运算**

在计算过程中，有效数字的取舍也很重要。计算结果必须遵循运算法则，并对有效数字按“四舍六入五留双”规则进行取舍。现就加减、乘除运算法则加以说明。

（1）加减法中有效数字的取舍

计算结果的有效数字的位数应与各加减数值中绝对误差最大的或小数点后位数最少的相同。例如，$24.2+8.34\times10^3+1.362\times10^3=9726.2$，这 3 个相加的数值中，$8.34\times10^3$ 的绝对误差最大（不可靠的数字“4”是十位数），它的有效数字是 3 位，所以这 3 个数值之和的有效数字只能是 3 位，上述计算结果中的个位和十分位（小数点后第一位）已是没有意义的，经舍弃后应表示为 $9.73\times10^3$。又如：

$$\begin{array}{r} 0.0121 \\ 1.0568 \\ +\quad 25.64 \\ \hline 26.7089 \end{array} \quad \text{（应改为 26.71）}$$

显然，这三个数值之和只应保留到小数点后第二位，因为第三个数值 25.64 的“4”已经不十分准确，再保留小数点后第三位数字是没有意义的。在计算中，也可先采用“四舍六入五留双”的规则，弃去多余的有效数字，再进行计算。例如，上述三个数值之和可简单写为：

$$\begin{array}{r} 0.01 \\ 1.06 \\ +\quad 25.64 \\ \hline 26.71 \end{array}$$

（2）乘除法中有效数字的取舍

计算结果的有效数字的位数应与相对误差最大的或各数值中有效数字的位数最少的相同，而与小数点的位置无关。例如，0.0121、1.0568 和 25.64 这三个数值相乘时，其积应为 $0.0121\times1.06\times25.6=0.328$。各数值的有效数字都只需保留 3 位，因为第一个数值（0.0121）只有 3 位有效数字，是所有数值中有效数字位数最少的一个。

## 三、实验数据的处理方法

### 1. 列表法

列表法是将一组实验数据的自变量和因变量的各个数值按照一定的形式和顺序列出来。列表时要注意以下几点：

（1）表头要写出表的序号及表的名称；

（2）表内各行或列写出数据的名称及量纲，数据的名称用符号表示，例如，压力 $p$/Pa；

（3）表中的数值用最简单的形式表示，公共的乘方因子应放在栏头注明；

（4）每行数字要排列整齐，对齐小数点，并注意有效数字的位数。

### 2. 作图法

作图是将原始数据通过正确的作图方法画出合适的曲线（或直线），形象且准确地表示出原始数据之间的关系，如极大、极小和转折点等；其次可以利用曲线（或直线），求外推值、内插值等。作图也存在误差，所以作图技术的好坏也将影响实验结果的准确性。下面介绍作图的一般步骤及作图规则。

(1) 坐标轴和比例的选择

作图必须在坐标纸上完成。一般以自变量为横轴，因变量为纵轴，横轴与纵轴的读数并不一定要从零开始，视具体情况而定。坐标轴上的比例尺的选择极为重要。由于曲线形状将随比例尺的改变而改变，若比例选择不当，会使曲线的某些相当于极大、极小或转折点的部分表达不清楚。比例尺的选择应遵循下列规则：

① 各坐标的比例和分度原则上应与原始数据的测量精密度一致。如实验十五中的图 4-2，温度纵坐标每小格（1mm）应为 0.1K，与实验用的温度计精密度一致；时间横坐标每 10 小格为 60s。不要过分夸大或缩小各坐标的作图精度。

② 坐标纸每小格所对应的数值应便于迅速、简便地读出和计算，一般多用 1、2 或 5 的倍数，因为这些数值易于描点和读出，而不采用 3、6、7 或 9 的倍数。

③ 在上述条件下，应尽量充分利用图纸的全部面积，使实验数据均匀分布于全图，而不要使各点过分集中或偏于一隅。若作出的图形是一直线时，则直线与横坐标的夹角应在 45° 左右，角度过大或过小都会带来较大的作图误差。

(2) 坐标轴的绘制

选定比例尺后，画上坐标轴，在轴旁注明该坐标轴所代表变量的名称和单位。如测定反应焓变的实验中图的纵轴名称为温度 $T$，单位为 K；横轴名称为时间 $t$，单位为 s。在纵轴的左面和横轴的下面每隔一定距离标出该处变量对应的数值，以便作图及读数。

(3) 原始数据点的标出

原始数据点（又称为实验点）在坐标纸上应明显标出，如图 1-1 所示。在要求较高的作图中，可用⊙、△、◇等标记，标记的中心应与原始数据的坐标相重合，其面积大小应代表测量的精密度。

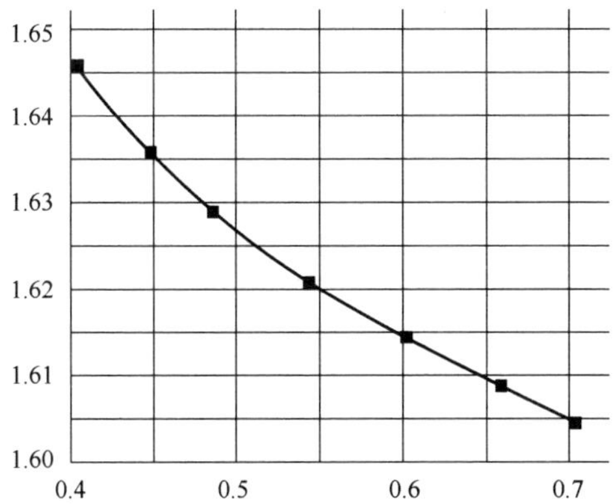


图 1-1　作图法表示实验数

(4) 曲线的绘制

用曲线板或曲线尺（有时也可用直尺）给出的曲线或直线，应尽可能接近（或贯穿）大多数的实验点（并非要求贯穿所有的点），并使处于曲线或直线两边的实验点的数目大致相等，这样描出的曲线或直线能较好地反映出实验测量的总体情况，且力求曲线光滑（一般情况下不允许画成折线）。

## 四、误差

用实验方法去研究事物的客观规律，总是在一定的环境（温度、湿度等）和仪器条件下进行的，由于测量条件（环境、温度、湿度等）的变化以及仪器精度的不同，在任何测量中，测量结果与待测量客观存在的真值之间总存在着一定的差异。测量值与真值的差值叫作测量误差，简称误差。任何测量都不可避免地存在误差，所以，一个完整的测量结果应该包括测量值和误差两个部分。这就需要在记录和处理数据时对误差进行分析。

**1. 准确度与精密度**

在定量的分析测定中，对于实验结果的准确度都有一定的要求。当然，绝对的准确是没有的。实验过程中，即使是实验技术很熟练的工作者，用最完美的分析方法和最精密的仪器，其结果也不会完全准确，客观上总是存在着难以避免的误差。所谓准确度就是指测量值与真值的偏离程度。衡量准确度高低的尺度是误差。误差越小，准确度越高；误差越大，准确度越低。在实验中，常在相同的条件下，对同一样品平行测定几次，如果几次测定值彼此比较接近，就说明实验结果的精密度高。精密度是指测定值与平均值的接近程度，衡量精密度高低的尺度是偏差。偏差越小，精密度越高；偏差越大，精密度越低。准确度和精密度是两个不同的概念。准确度高，要求精密度一定高；但精密度高，准确度不一定高。准确度反映了测量结果的正确性；精密度反映了测量结果的重现性。

例如，A、B、C 三人标定某 HCl 标准溶液的浓度，其准确浓度为 $0.1234 mol \cdot L^{-1}$，其测量结果列于表 1-1 中。

**表 1-1　测量结果**

| 项目 | A 的数据 $c/(mol \cdot L^{-1})$ | B 的数据 $c/(mol \cdot L^{-1})$ | C 的数据 $c/(mol \cdot L^{-1})$ |
|---|---|---|---|
| 1 | 0.1210 | 0.1230 | 0.1231 |
| 2 | 0.1211 | 0.1261 | 0.1233 |
| 3 | 0.1212 | 0.1286 | 0.1232 |
| 平均值 | 0.1211 | 0.1259 | 0.1232 |
| 真实值 | 0.1234 | 0.1234 | 0.1234 |
| 差值 | 0.0023 | 0.0025 | 0.0002 |

A 的分析结果，精密度高，但准确度低；B 的分析结果，精密度和准确度都比较低；C 的分析结果，精密度与准确度都比较高。

一般地，精密度是准确度的必要条件，因此，在进行实验时，一定要严格控制实验条件，认真仔细地操作，以得到精密度较高的数据。

真实值一般是不可知的，通常采用几种正确的测量方法和经过校正的仪器进行多次测量，然后算出算术平均值，以算术平均值或文献中的公认值作为真实值。

**2. 误差的表示方法**

误差可以用绝对误差和相对误差表示。

绝对误差表示测定值与真实值之差，即

$$\text{绝对误差}E=\text{测得值}X-\text{真实值}\mu$$

相对误差表示绝对误差与真实值之比，即误差在真实值中占的百分数，为

$$\text{相对误差}E_r=\frac{\text{绝对误差}E}{\text{真实值}\mu}\times100\%$$

在上例中，A、B、C 三人测定结果的误差在真实值中所占的百分数见表 1-2。

**表 1-2　测量结果的误差在真实值中所占的百分数**

| 项目 | 绝对误差 | 相对误差 |
|---|---|---|
| A | 0.1211−0.1234 = −0.0023（mol · $L^{-1}$） | （−0.0023/0.1234）×100% = −1.9% |
| B | 0.1259−0.1234 = +0.0025（mol · $L^{-1}$） | （+0.0025/0.1234）×100% = +2.0% |
| C | 0.1232−0.1234 = −0.0002（mol · $L^{-1}$） | （−0.0002/0.1234）×100% = −0.16% |

**3. 误差产生的原因及减小的方法**

引起误差的原因很多。一般可将误差分为系统误差和偶然误差两类。

（1）系统误差

在相同的条件下多次测量同一物理量时，测量误差的大小和符号保持恒定，或者在条件改变时，测量误差按照某一确定的规律而变化，这种测量误差称为系统误差。系统误差的来源主要有：

① 仪器和试剂误差　这是由仪器本身的缺陷或没有按规定条件使用仪器而造成的。如仪器的零点不准，仪器未调整好，外界环境（光线、温度、湿度、电磁场等）对测量仪器的影响等所产生的误差。

② 方法误差　这是由测量所依据的理论公式本身的近似性，或实验条件不能达到理论公式所规定的要求，或者是实验方法本身不完善所带来的误差。例如，热学实验中没有考虑散热所导致的热量损失，伏安法测电阻时没有考虑电表内阻对实验结果的影响等。

③ 个人误差　这是由观测者个人感官和运动器官的反应或习惯不同而产生的误差，它因人而异，并与观测者当时的精神状态有关。

（2）偶然误差

在相同的条件下多次测量同一物理量时，每次测量的结果都有些不同，它们围绕着某一个数值上下无规则地变动，其误差符号时正时负，其误差的绝对值时大时小，这种误差称为偶然误差。造成偶然误差的原因主要有：

① 实验者对于仪器最小分度值以下的估读很难做到严格相同。

② 测量仪器的某些活动部件所指示的测量结果，在重复测量时很难每次完全相同，这种现象在使用年久或质量较差的电学仪器时较为明显。

③ 暂时无法控制的某些实验条件的变化，也会引起测量结果不规则的变化，如许多物质的物理化学性质与温度有关，实验测定过程中，温度必须控制恒定，但温度恒定

总是有一定限度，在这个限度内，温度仍然不规则变动，导致测量结果也发生不规则的变动。

可通过校正来减小系统误差，通过多次平行测定来减小偶然误差。

## 第三节 实验报告的撰写与要求

实验报告是描述、记录、讨论某个实验过程及结果的文档。实验者根据实验经历真实地记录实验过程中的数据、现象与结果。实验者要独立写自己的实验报告，图片等影像结果可以用影印的方式附上。

### 一、实验报告的结构

实验报告的结构并无一定规格或格式，只要写得合理、正确、真实，均为好的实验报告。参照科技期刊论文的格式写报告，也可以有较好的效果。一般实验报告的结构和写法如下所述。

**1. 封面及目录**

上半页依次写入实验课程、题目、组别、作者、交出日期等信息，下半页写目录表，详细标出各项内容所在的页数。

**2. 实验目的**

简单描述实验目的，最好查阅文献资料了解与实验内容相关的知识背景，并加以简单描述。

**3. 试剂与仪器**

将试剂和仪器的名称、规格、生产商等写清楚。

**4. 实验步骤**

写出实验步骤，完整记录实验流程与实验条件，切忌照抄教材。

**5. 实验结果**

这是实验报告的重点。要客观地、条理分明地陈述观察到的结果，并尽量用图表的形式表示实验数据和处理结果。实验数据主要指实验过程中直接测量到的读数。处理结果是指用实验数据经过一定的运算所得的结果，主要包括测定结果、测定结果的平均值、相对偏差、标准偏差等。

**6. 结果讨论**

进一步讨论分析所得到的结果，说明由结果所透露出的信息。若有与事实或已知不符的现象，请仔细讨论或解释。该部分最能体现学生的专业水平。

**7. 图表绘制**

图表最好使用电脑软件作图，一定要正确且易懂，必要时加说明文字。

### 二、实验报告的一般格式

不同的基础化学实验，实验报告的格式有所不同。以下实验报告格式可供参考。

### 1. 性质实验实验报告格式（表1-3）

表 1-3　性质实验实验报告格式

<table>
<tr><td colspan="4">实验名称：</td><td colspan="2">日期：</td></tr>
<tr><td>队别：</td><td colspan="2">班号：</td><td colspan="2">学号：</td><td>姓名：</td></tr>
<tr><td colspan="6">一、实验目的</td></tr>
<tr><td colspan="6">二、实验原理</td></tr>
<tr><td colspan="6">三、仪器和试剂</td></tr>
<tr><td colspan="6">四、实验步骤</td></tr>
<tr><td colspan="2">实验步骤</td><td colspan="2">实验现象</td><td colspan="2">解释和结论（包括反应方程式）</td></tr>
<tr><td colspan="2"></td><td colspan="2"></td><td colspan="2"></td></tr>
<tr><td colspan="6">五、讨论</td></tr>
<tr><td colspan="6">六、思考题</td></tr>
</table>

### 2. 物理量测定实验报告格式（表 1-4）

表 1-4　物理量测定实验报告格式

| 实验名称： | | | 日期： |
| --- | --- | --- | --- |
| 队别： | 班号： | 学号： | 姓名： |
| 一、实验目的 | | | |
| 二、实验原理 | | | |
| 三、仪器和试剂 | | | |
| 四、实验步骤<br>1.<br>2. | | | |
| 五、结果记录与数据处理 | | | |
| 六、思考题 | | | |

# 第四节　大学化学实验的安全知识

## 一、安全守则

化学药品中有很多是易燃、易爆炸、有腐蚀性或有毒的，所以在实验室应充分了解安全注意事项。在实验时，应在思想上十分重视安全问题，集中注意力，遵守操作规程，以避免事故的发生。

（1）加热试管时，不要将试管口指向自己或别人，以免液体溅出，受到伤害。

（2）嗅闻气体时，应用手轻拂气体，扇向自己后再嗅。

（3）使用酒精灯，应随用随点燃，不用时盖上灯罩。不要用已点燃的酒精灯去点燃别的酒精灯，以免酒精溢出而失火。

（4）浓酸、浓碱具有强腐蚀性，切勿溅到衣服、皮肤上，尤其勿溅到眼睛上。稀释浓硫酸时，应将浓硫酸慢慢倒入水中，而不能将水倒入浓硫酸中，以免迸溅。

（5）乙醚、乙醇、丙酮、苯等有机易燃物质具有高度挥发性和易燃性，存放和使用时必须远离明火及热源，并保持良好通风，取用完毕后应立即盖紧瓶塞或瓶盖。

（6）产生有刺激性气味物质或有毒气体的实验，应在通风橱内（或通风处）进行。

（7）有毒药品（如重铬酸钾、钡盐、铅盐、砷的化合物、汞的化合物等，特别是氰化物）不得放入口内或接触伤口，也不能将有毒药品随便倒入下水道。

（8）实验室内严禁饮食和吸烟。实验完毕，应洗净双手后再离开实验室。

## 二、意外事故的处理

（1）若因酒精、苯或乙醚引起着火，应立即用湿布或沙土等扑灭。若遇电气设备着火，必须先切断电源，再用二氧化碳或四氯化碳灭火器灭火（实验室应备有灭火设备）。

（2）遇烫伤事故，可用高锰酸钾或苦味酸溶液揩洗灼伤处，再涂上凡士林或烫伤油膏。

（3）若眼睛或皮肤溅上了强酸或强碱，应立即用大量水冲洗，然后相应地用碳酸氢钠溶液或硼酸溶液冲洗（若溅在皮肤上，最后还可涂些凡士林）。

（4）若吸入氯气、氯化氢气体，可立即吸入少量酒精和乙醚的混合蒸气以解毒；若吸入硫化氢气体而感到不适或头晕时，应立即到室外呼吸新鲜空气。

（5）被玻璃割伤时，伤口内若有玻璃碎片，须先挑出，然后涂上碘伏并包扎。

（6）遇触电事故，首先应切断电源，然后在必要时进行人工呼吸。

（7）对伤势较重者，应立即送医院医治，任何延误都可能使治疗变得复杂和困难。

# 第二章

# 基本实验操作

## 第一节　常用玻璃仪器的洗涤和干燥

### 一、仪器的洗涤

化学实验时要经常使用玻璃仪器和瓷器。在进行实验时，为了得到准确的结果，各种器皿在实验前都要进行清洗。

为了提高洗涤效率，在洗涤器皿时应掌握“少量多次”的原则，即洗涤时，每次使用少量洗涤液，洗后倒尽，再洗几次。

洗涤仪器的方法很多，应当根据实验的要求、污物的性质和沾污的程度来选择。一般说来，附着在仪器上的污物可能有可溶性物质、油污、尘土和其他不溶性物质，针对这些情况，可以分别用下列方法洗涤。

**1. 用水刷洗**

可以洗去可溶性物质，又可以使附着在仪器上的尘土和其他不溶性物质脱落下来。

**2. 用去污粉或合成洗涤剂刷洗**

由于去污粉中含有碳酸钠，它与合成洗涤剂一样，都能够除去仪器上的油污。去污粉中还含有白土和细砂，刷洗时起摩擦作用，使洗涤的效果更好。但是具有刻度的量器不能用去污粉洗涤。

**3. 用粗浓盐酸洗**

可以洗去附着在器壁上的氧化剂，如二氧化锰。

**4. 用铬酸洗液洗**

这种洗液是由等体积的浓硫酸倒入饱和的重铬酸钾溶液配制而成的。它具有很强的氧化性，对有机物和油污的去除能力特别强。

铬酸洗液也可用另一种方法配制：称取 10g 工业用重铬酸钾（$K_2Cr_2O_7$，俗名红矾）于烧杯中，加入 30mL 热水，溶解后，冷却，一边搅拌一边慢慢加入 170mL 浓 $H_2SO_4$（加入时要注意安全），冷却备用，溶液呈橙色。

用洗液洗涤仪器时，先往仪器内加入少量洗液（其用量约为仪器总容量的 1/5），然后将仪器倾斜并慢慢转动，使仪器的内壁全部被洗液润湿，这样反复操作，最后将洗液倒回原瓶内，再用水把残留在仪器上的洗液洗去。如果用洗液把仪器浸泡一段时间或者用热的洗液洗，则效率更高。

洗液的吸水性很强，应该随时把装洗液的瓶子盖严，以防吸水，降低去污能力。当洗液出现黄色时（+3 价铬离子的颜色），就失去了去污能力，不能继续使用。

$$\underset{（橙）}{Cr_2O_7^{2-}} + 14H^+ + 6e^- \rightleftharpoons \underset{（黄）}{2Cr^{3+}} + 7H_2O$$

洗净的仪器，将其倒置时，其器壁上应只留一层薄而均匀的水膜而无水珠存在，否则仪器未洗干净。

已经洗净的仪器，不能用布或纸擦拭，因为布或纸的纤维会留在壁上沾污仪器。

## 二、仪器的干燥

洗涤的仪器如需干燥可采用以下方法。

**1. 烘干**

洗净的仪器可以放在电热干燥箱（也叫烘箱）内烘干。但放进去之前应尽量将水倒净。放置仪器时，应注意使仪器的口朝上。

**2. 烤干**

烧杯和蒸发皿可以放在石棉网上用小火烤干。试管可以直接用小火烤干，操作时，试管要略微倾斜，管口向下，并不时来回移动试管，直到把水汽赶尽为止。

**3. 吹干**

用吹风机的热风将仪器吹干。

带有刻度的计量仪器不能用加热的方法进行干燥，因为加热会影响仪器的精密度。

# 第二节　试剂及其取用

化学药品（试剂）规格的划分，各国不一致。我国化学药品等级的划分可参阅表 2-1。

**表 2-1　化学药品（试剂）等级的划分**

| 我国习惯上的等级 | 优级纯 G.R. | 分析纯 A.R. | 化学纯 C.P. | 实验试剂 L.R. |
|---|---|---|---|---|
| 全国统一化学试剂质量标准 | 一级品 | 二级品 | 三级品 | 四级品 |

对于不同的化学药品，各种规格要求的标准不同。但总的说来，优级纯（一级品，guaranteed reagent）杂质含量最低，纯度最高，适合于精确分析及研究；分析纯（二级品，analytical reagent）及化学纯（三级品，chemical pure）试剂适合于一般的分析及研究工作。在普通化学实验中一般采用价格低廉的实验试剂（四级品，laboratory reagent）。

固体试剂盛在广口瓶内，液体试剂则盛在细口瓶或滴瓶中。见光易分解的试剂（如硝酸银、高锰酸钾等）应装在棕色的试剂瓶内。装碱液的瓶子不应使用玻璃塞，而要使用软木塞或橡胶塞。每一个试剂瓶上都应贴上标签，以表明试剂的名称、规格和配制时间。

取用药品前，应看清标签。取用时，如果瓶塞顶是扁平的，瓶塞取出后可倒置在桌上；如果瓶塞顶不是扁平的，可用食指和中指（或中指和无名指）将瓶塞夹住（或放在清洁的表面皿上），绝不可将它横置桌上。固体药品需用清洁、干燥的药匙（塑料、玻璃或牛角的）取用，不得用手直接拿取。

液体药品一般可用量筒量取。量筒是用来量取对液体体积不需十分精确的量具。量筒的容量有 10mL、25mL、50mL、100mL 等规格，可根据需要选用。用量筒量取液体时，应左手持量筒，并以拇指指示在所需体积刻度处；右手持药品瓶（药品标签应在手心处），瓶口紧靠量筒口边缘，慢慢注入液体（如图 2-1 所示）到所指刻度。

读取刻度时，视线应与量筒内液体弯月面的最低处保持水平，偏高或偏低都会读不准而造成较大的误差。图 2-2 中正确读数为 25.0mL，视线偏高或偏低时，会误读为 26.0mL 或 23.5mL。

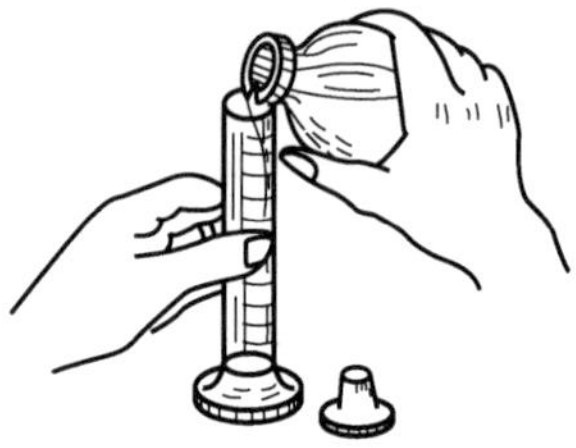

图 2-1　量筒量取液体

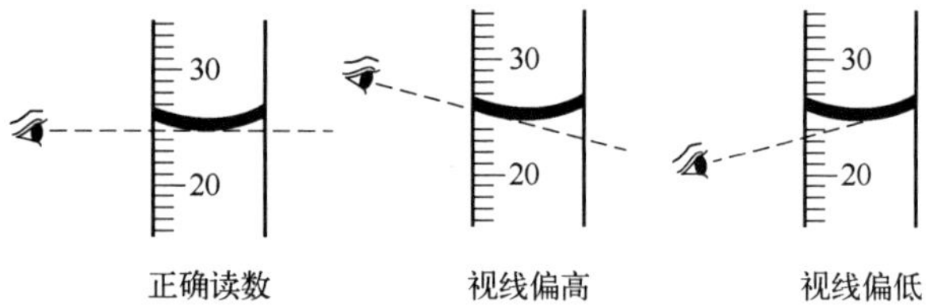


图 2-2　观看量筒内液体的容积

液体药品也可用滴管吸取。用滴管将液体滴入试管中时，应用左手垂直地拿持试管，右手持滴管橡胶头将滴管放在试管口的正中上方（图 2-3），然后挤捏滴管的橡胶头，使液体滴入试管中。绝不可将滴管伸入试管中（图 2-4），否则，滴管口易沾上试管壁上的其他液体，如果再将此滴管放入药品瓶中，则会沾污该瓶中的药品。若所用的是滴瓶中的滴管，使用后应立即插回原来的滴瓶中。不得把沾有液体药品的滴管横置或将滴管口向上斜放，以免液体流入滴管的橡胶头。

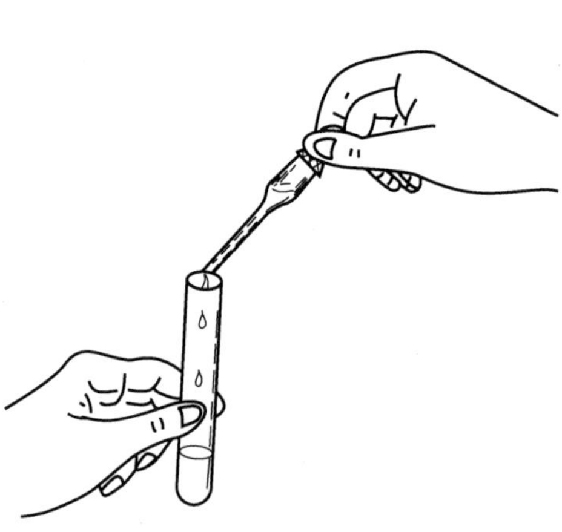

图 2-3　用滴管加少量液体药品的正确操作

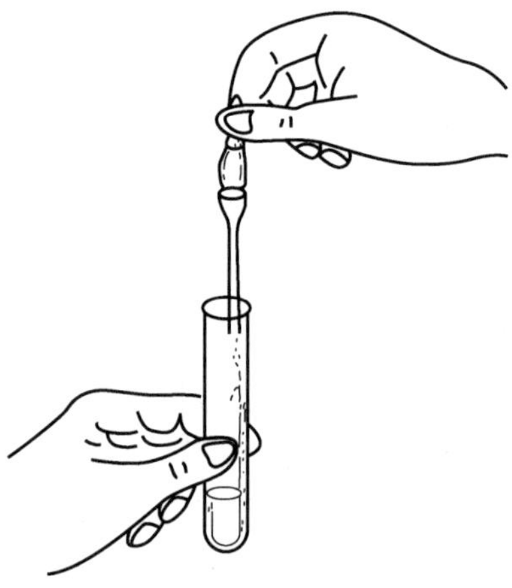

图 2-4　用滴管加少量液体药品的不正确操作

药品取用后，必须立即将瓶塞盖好。实验室中药品瓶的安放，一般均有一定的次序和位置，不得任意改动。若需移动药品瓶，使用后应立即放回原处。

## 第三节　液体和固体的分离

常用的分离液体和固体的方法有过滤法和离心法两种。过滤法需用滤器和滤纸，可以在常压（普通过滤）或减压（如布氏漏斗抽气过滤）下进行；离心分离法不需用滤器或滤纸，需用离心机。

### 一、过滤法

普通过滤中最常用的滤器是贴有滤纸的漏斗。先将滤纸对折两次（若滤纸不是圆形的，此时应剪成扇形），拨开一层即成圆锥形，内角成 60°（标准的漏斗内角为 60°，若漏斗外角度不标准，应适当改变滤纸折叠的角度，使其能配合所用漏斗），一面是三层，一面是一层，在三层的那一面撕去一个小角（图 2-5）。再将这个圆锥形滤纸平整地放入干净的漏斗中（漏斗宜干，若需先用水洗涤干净，可在洗涤后，用滤纸碎片吸干），使滤纸与漏斗壁靠紧。用左手食指按住滤纸（图 2-6），右手持洗瓶挤水使滤纸湿润，然后用清洁的手指（或玻璃棒）轻压，使之紧贴在漏斗壁上，此时滤纸与漏斗应当密合，其间不应留有空气泡。一般滤纸边应低于漏斗边 3～5mm。

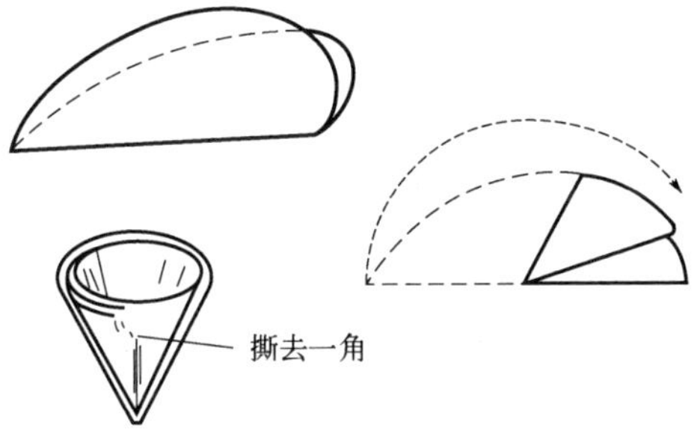


图 2-5　滤纸的折法

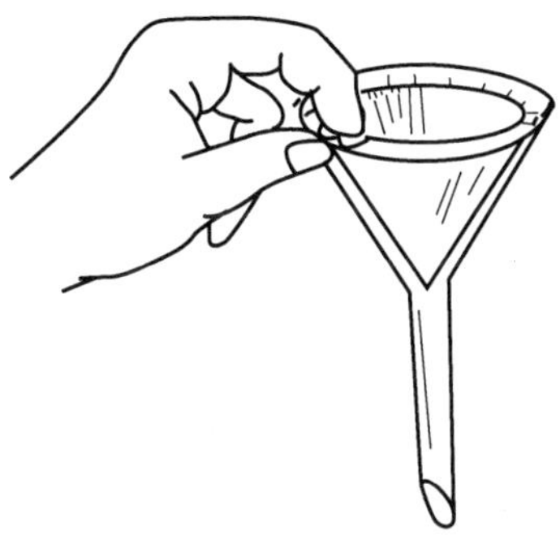

图 2-6　用手指按住滤纸

将漏斗放在漏斗架上，下面承以接收滤液的容器，使漏斗颈下端与容器壁接触。将要过滤的溶液沿着玻璃棒慢慢倾入漏斗中（过滤前不要搅拌溶液，过滤时，先将上层清液小心倾入漏斗中，这样不会使沉淀物堵塞滤孔，可节省过滤时间），如图 2-7 所示。倾入溶液时，应注意使液面低于滤纸边缘约 1cm，切勿超过滤纸边缘。过滤完毕后，从洗瓶中挤出少量水淋洗盛放沉淀的容器（图 2-8）及玻璃棒（玻璃棒在未洗涤前不能随便放在桌子上）。洗涤水也必须全部滤入接收容器中。

如果需过滤的混合物中含有能与滤纸作用的物质（如浓硫酸），则可用石棉或玻璃丝在漏斗中铺成薄层作为滤器。

图 2-7　过滤

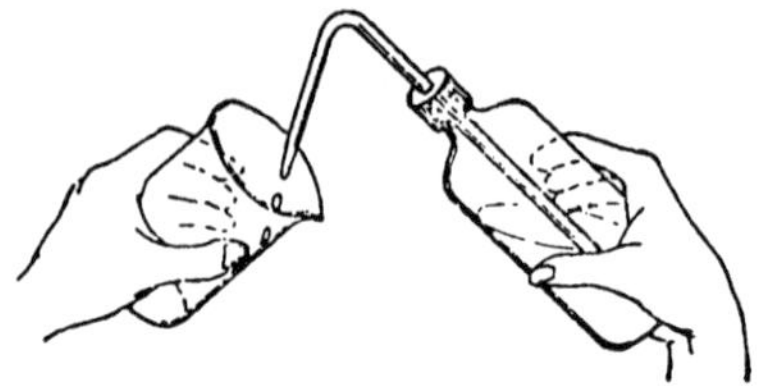

图 2-8　淋洗

为了加速大量溶液与沉淀的混合物分离，常应用布氏漏斗抽气过滤的方法。一般可用水压抽气法抽气，全套仪器的装置如图 2-9 所示。它是由吸滤瓶、布氏漏斗和安全瓶组成的。

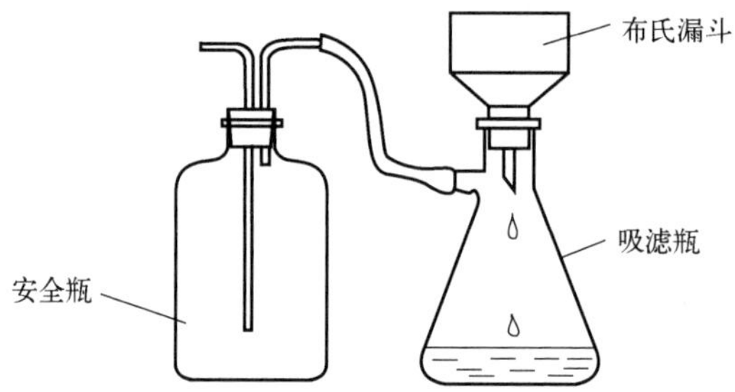


图 2-9　布氏漏斗的抽气过滤

这种抽气过滤的原理是利用真空泵抽气把吸滤瓶中的空气抽出，造成部分真空，从而使过滤的速度大大加快。安全瓶的作用是防止玻璃抽气管中的水倒流入吸滤瓶。

在进行过滤前，先将滤纸剪成直径略小于布氏漏斗内径的圆形（小 1～2mm），平铺在布氏漏斗的带孔的瓷板上。再从洗瓶挤出少许去离子水湿润滤纸，并慢慢打开真空泵，稍微抽吸，使滤纸紧贴在漏斗的瓷板上，然后将要过滤的混合物慢慢地沿玻璃棒倾入布氏漏斗中，进行抽气过滤。

在抽气过滤过程中，必须注意整个装置的气密性。可在各仪器的连接处周围注上少量水，若出现有水被吸入的现象，说明该处连接不好，遇到此种情况，应及时改善连接方式。

过滤完毕，先将吸滤瓶和安全瓶拆开，再关真空泵开关（切勿先关开关，以免水倒流入安全瓶甚至吸滤瓶中），然后将布氏漏斗从吸滤瓶上拿下，用玻璃棒或药匙将沉淀移入盛器内。

## 二、离心分离法

少量溶液与沉淀的混合物可用离心机进行离心分离以代替过滤，操作简单而迅速。

离心分离常在电动离心机（参见图 2-10）中进行。

将盛有溶液和沉淀的混合物的离心试管放入电动离心机的试管套管内，使离心机接上电源，开通电源开关，用转速选择开关选择适当的转速，启动电动离心机即可。某些类型电动离心机有定时装置，可按需要选择离心分离时间。

为了防止由两支套管中质量不均衡所引起的振动而造成离心机轴的磨损，各离心试管必须放在相互对称的位置（如对角线或成正三角形等）上，方可启动离心机。若只有一支离心试管中的固、液需要进行分离，则可另取一支空离心试管盛以相应质量的水，放入对称位置的套管中以维持平衡。

离心分离操作完毕后，从套管中取出离心试管。再取一滴管，先捏紧其橡胶头，然后插入离心试管中，插入的深度以尖端不接触沉淀为限（如图 2-11）。然后慢慢放松捏紧的橡胶头，吸出溶液，并移至另一容器中。这样反复数次，尽可能把溶液移去，留下沉淀，最后可根据实验需要留舍溶液或沉淀。

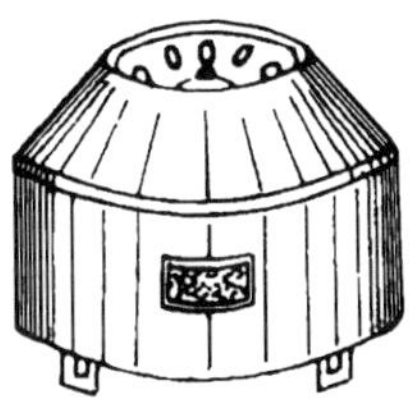

图 2-10　电动离心机

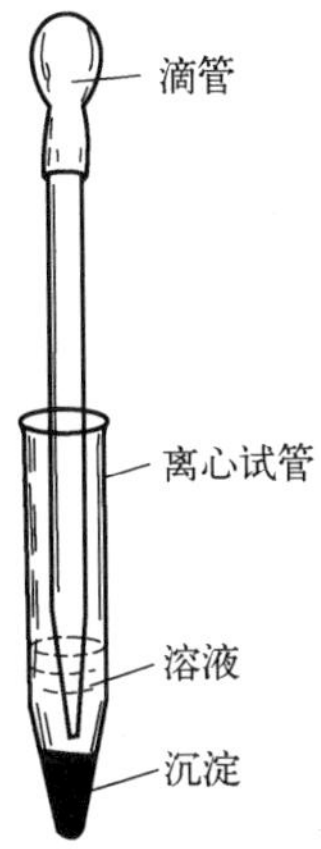


图 2-11　用滴管吸去沉淀上的溶液

# 第四节　酒精灯、煤气灯的使用和加热的方法

## 一、酒精灯、煤气灯的使用

在实验室的加热操作中，常使用酒精灯、酒精喷灯、煤气灯或电炉等。酒精灯的温度通常可达 400～500℃，酒精喷灯或煤气灯的最高温度通常可达 1000℃左右。灯的火焰温度的分布如图 2-12 所示，由外到内温度依次递减。

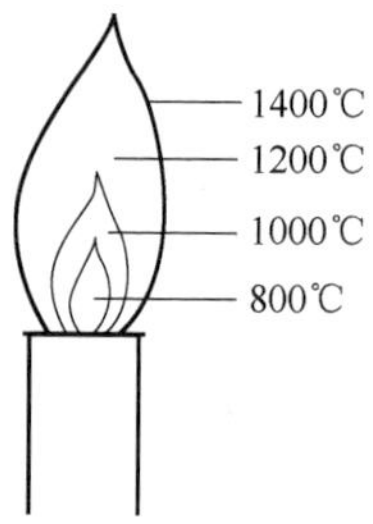


图 2-12　灯的火焰温度的分布

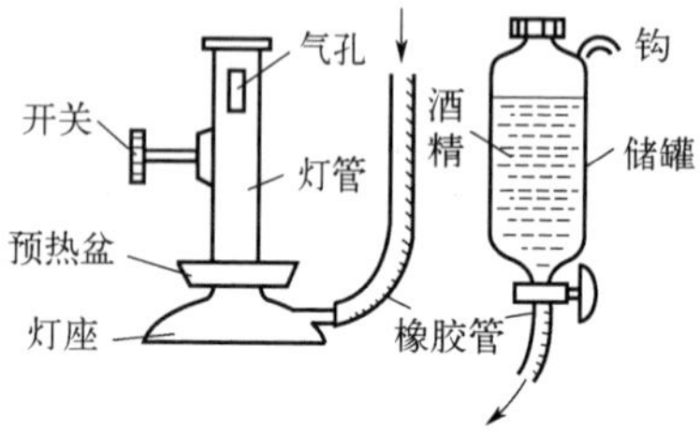


图 2-13　挂式酒精喷灯的结构

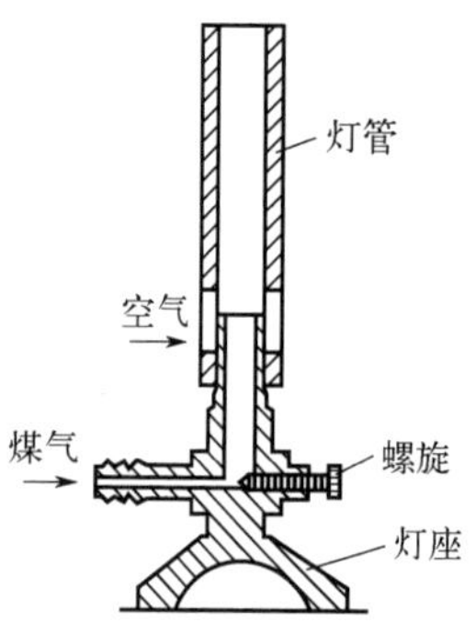


图 2-14　煤气灯

**1. 酒精灯**

点燃酒精灯需用火柴或打火机，切勿用已点燃的酒精灯直接去点燃别的酒精灯。熄灭酒精灯时，切勿用口去吹，可将灯罩盖上，火焰即灭；对于玻璃做的灯罩，还应再提起灯罩，待灯口稍冷，再盖上灯罩，这样可以防止灯口破裂。长时间加热时，最好预先用湿布将灯身包裹，以免灯内酒精受热大量挥发而发生危险。不用时，必须将灯罩盖好，以免酒精挥发。

**2. 酒精喷灯**

常用的酒精喷灯有挂式（如图 2-13）及座式两种。挂式喷灯的酒精贮存在悬挂于高处的贮罐内，座式喷灯的酒精则贮存在灯座内。

使用前，先在预热盆中注入酒精，然后点燃盆中的酒精以加热铜质灯管。待盆中酒精将近燃完，灯管温度足够高时，开启开关（逆时针转），这时由于酒精在灯管内汽化，并与来自气孔的空气混合，如果用火点燃管口气体，即可形成高温的火焰。调节开关阀门可以控制火焰的大小。用毕后，旋紧开关，即可使灯焰熄灭。

应当指出：在开启开关、点燃管口气体以前，必须充分灼热灯管；否则酒精不能全部汽化，而会有液态酒精由管口喷出，可能形成“火雨”（尤其是挂式喷灯），甚至引起火灾。

挂式喷灯使用前应先开启酒精贮罐开关，不使用时，必须将贮罐的开关关好，以免酒精漏失，甚至发生事故。

**3. 煤气灯**

煤气灯的式样不一，常用的一种构造如图 2-14 所示。使用时把灯管向下旋转以关闭空气入口；再把螺旋向外旋转以开放煤气入口。慢慢打开煤气管阀门，用预先点燃的火柴在灯管口点燃煤气，然后把灯管向上旋转以导入空气，使煤气燃烧完全，形成蓝色火焰。

煤气燃烧时，若空气量不足，则火焰呈黄色，此时应开大空气入口，增加空气量。若空气量过多，则会产生“侵入”火焰。这时火焰缩入管内，煤气在管内空气入口处燃烧，而灯管口火焰消失，或者变为一条细长的绿色火焰。同时煤气灯管发出“嘶嘶”的声音，并可闻到煤气臭味，且灯管被烧得很热。此时应立即关闭煤气管阀门，待灯管冷却后，关闭空气入口，重新点燃使用。

煤气是易燃且有毒的气体。煤气灯用毕，必须随手关闭煤气管阀门，以免发生意外事故。

## 二、加热的方法

常用的受热仪器有烧杯、烧瓶、锥形瓶、蒸发皿、坩埚、试管等。这些仪器一般不能骤热，受热后也不能立即与潮湿的或过冷的物体接触，以免由于骤热骤冷而破裂。加热液体时，液体体积一般不应超过容器容积的一半。在加热前必须将容器外壁擦干。

烧杯、烧瓶和锥形瓶加热时，必须放在石棉铁丝网（或铁丝网）上，否则容易因受热不匀而破裂。

蒸发皿、坩埚加热时，应放在泥三角上（如图 2-15）；如需移动则必须用坩埚钳夹取。

在火焰上加热试管时，应使用试管夹夹住试管的中上部（微热时也可用拇指和食指持试管），试管与桌面成约 60°的倾斜（如图 2-16）。如果加热液体，应先加热液体的中上部，慢慢移动试管，热及下部，然后不时上下移动或振荡试管，使各部分液体受热均匀，以免管内液体因受热不匀而骤然溅出。

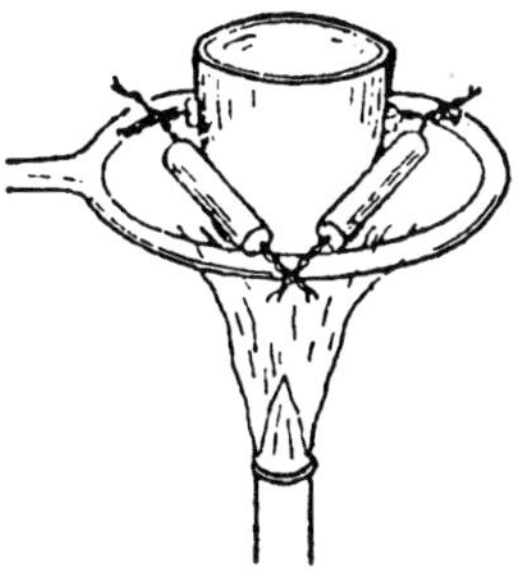

图 2-15　坩埚的灼烧

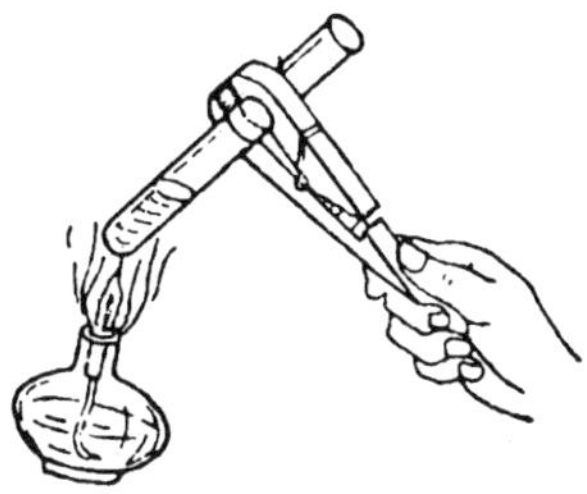

图 2-16　用试管加热液体

在加热潮湿的或加热后有水产生的固体时，应将试管口稍微向下倾斜，使管口略低于底部（如图 2-17），以免在试管口冷凝的水流向灼热的管底而使试管破裂。

如果要在一定温度范围下进行较长时间的加热，则可使用水浴（图 2-18）、蒸汽浴（图 2-19）或沙浴等。水浴或蒸汽浴是具有可移动的同心圆盖的铜制水锅（也可用烧杯代替）。沙浴是盛有细沙的铁盘。应当指出：离心试管由于管底玻璃较薄，不宜直接加热，应在热水浴中加热。

图 2-17　用试管加热潮湿的固体

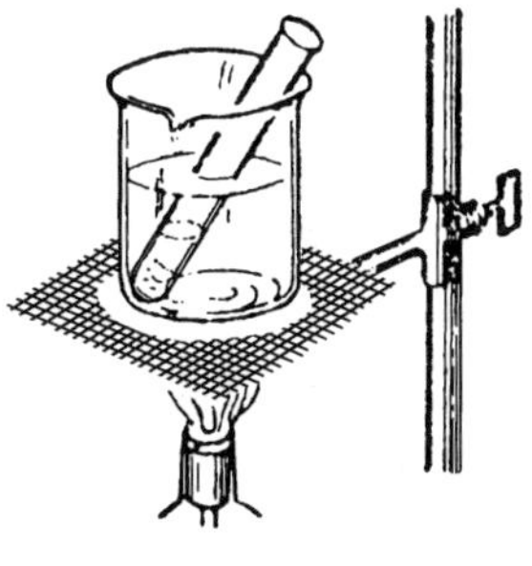

图 2-18　烧杯代替水浴加热

图 2-19　蒸汽浴加热

## 第五节 试纸的使用

在实验室经常使用试纸来定性检验一些溶液的性质或某些物质是否存在。试纸用起来操作简单，使用方便。

试纸的种类很多，实验室常用的有：pH 试纸、淀粉-碘化钾试纸等。

**1. pH 试纸**

pH 试纸用以检验溶液的 pH。一般有两类：一类是广泛 pH 试纸，变色范围在 pH=1～14，用来粗略检验溶液的 pH。另一类是精密 pH 试纸，这种试纸在 pH 值变化较小时就有颜色的变化，可用来较精细地检验溶液的 pH。这一类有很多种，如变色范围为 pH=2.7～4.7，3.8～5.4，5.4～7.0，6.9～8.4，8.2～10.0，9.5～13.0，等等。

**2. 淀粉-碘化钾试纸**

淀粉-碘化钾试纸用以定性地检验氧化性气体（如 $Cl_2$、$Br_2$ 等）。试纸曾在淀粉-碘化钾溶液中浸泡过，使用时要用蒸馏水将其润湿。氧化性气体溶于试纸上的水后，将 $I^-$ 氧化为 $I_2$。

$$2I^- + Cl_2 = I_2 + 2Cl^-$$

$I_2$ 立即与试纸上的淀粉作用，使试纸变为蓝紫色。如果氧化性气体的氧化性很强而浓度又很大时，有可能将 $I_2$ 继续氧化成 $IO_3^-$，而使试纸褪色，这时不要误认为试纸没有变色，以致得出错误的结论。

无论使用哪种试纸，都不准将试纸直接投入待测溶液中。一般用蘸有待测溶液的玻璃棒点试纸的中部，试纸即被待测溶液润湿而变色（如 pH 试纸）。或者将一块用水润湿后的试纸粘在玻璃棒的一端，然后用此玻璃棒将试纸放到试管口，如有待测气体逸出则变色（如淀粉-碘化钾试纸等）。

## 第六节 干燥器的使用

干燥器是保持物品干燥的仪器，由厚质玻璃制成。干燥器的结构如图 2-20 所示，上面是一个磨口边的盖子（盖子的磨口边上一般涂有凡士林），器内的底部放有干燥的氯化钙或硅胶等干燥剂，中部有一个可取出的、带有若干孔洞的圆形瓷板，供盛放装有被干燥物的容器。

打开干燥器时，不应把盖子往上提，而应把盖子往水平方向移开（如图 2-21），盖子打开后，要把它翻过来放在桌子上（不要使涂有凡士林的磨口边触及桌面）。放入或取出物体后，必须将盖子盖好，此时也应把盖子往水平方向推移，使盖子的磨口边与干燥器口吻合。搬动干燥器时，必须用两手的大拇指将盖子按住，以防盖子滑落而打碎。

温度很高的物体必须冷却至略高于室温后，方可放入干燥器内。否则，器内空气受热膨胀，可能将盖子冲开，即使能盖好，也往往因冷却后，器内空气压力降低至低于器外的空气压力，致使盖子很难打开。

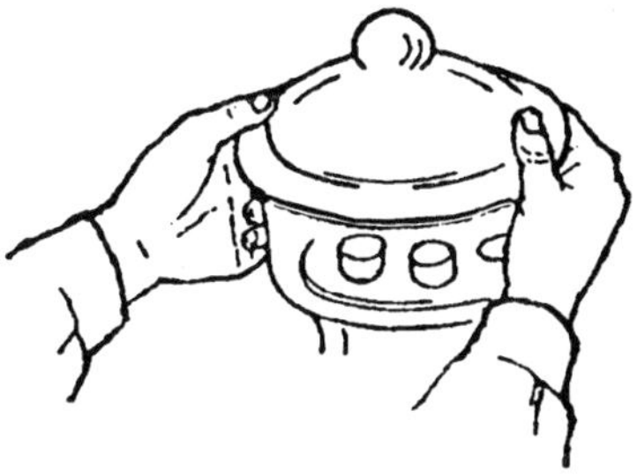

图 2-20　拿干燥器

图 2-21　开干燥器

## 第七节　蒸馏

蒸馏主要是用来分离液体混合物质以实现提纯。

一般蒸馏的装置如图 2-22 所示，主要由蒸馏烧瓶、冷凝管和承受器三部分组成。

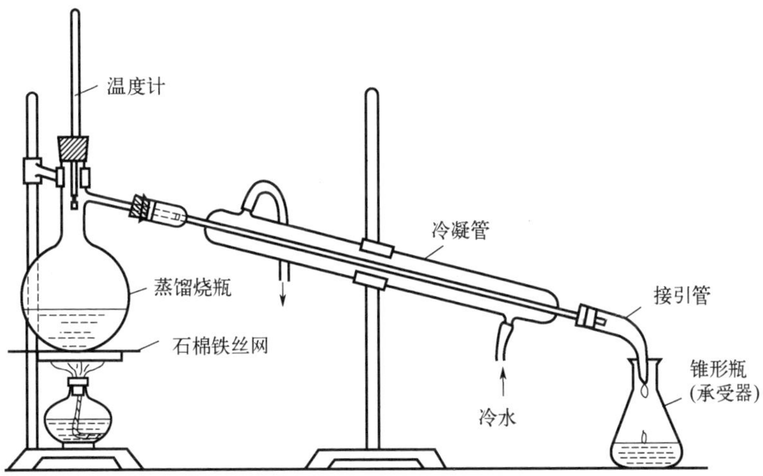


图 2-22　蒸馏的装置

液体在蒸馏烧瓶中加热沸腾后，蒸气进入冷凝管，在冷凝管中冷凝为液体，然后经接引管而流入承受器中。

通常在蒸馏烧瓶顶端的塞子中插一温度计，用以指示蒸气的温度，温度计的水银球应对准蒸馏烧瓶的侧管。

为了保持液体沸腾的平稳和避免过热现象的产生，可预先在烧瓶中放一些小块无釉瓷片（也可用一端封闭的长的毛细管或玻璃珠代替），因为无釉瓷片能吸附气体，成为液体汽化的中心，可使沸腾平稳，不致产生过热或爆沸的现象。如果在蒸馏的过程中要补充新的瓷片，必须在液体冷却后再加，否则也会产生暴沸现象。

## 第八节 玻璃工操作

### 一、截断玻璃管

将玻璃管平放在桌子上，用左手握紧，右手用三角锉刀的棱在管上锉出一道狭窄并与玻璃管垂直的凹痕，应向一个方向锉，不要来回锉，然后双手持玻璃管，凹痕向外，大拇指在凹痕后面向外推，同时其他手指向里拉，以折断玻璃管（如图 2-23）。

玻璃管的截断面必须用火焰熔烧后，方可使用。熔烧时，将截断面斜插入氧化焰（外层火焰）中，缓缓转动玻璃管使熔烧均匀（如图 2-24），直到管口光滑为止。熔烧时间不可过长，以防管口收缩。

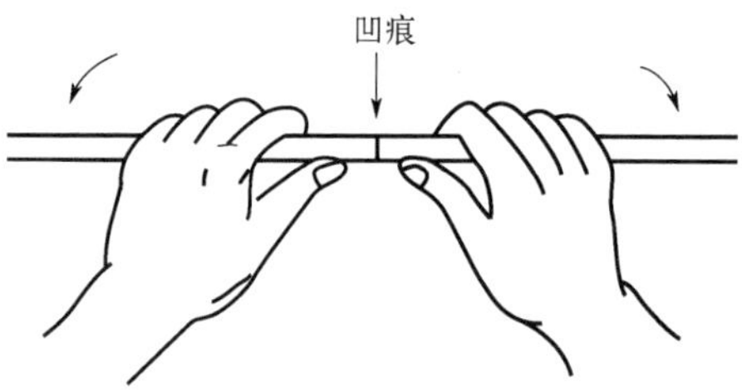


图 2-23 玻璃管截痕处的折断

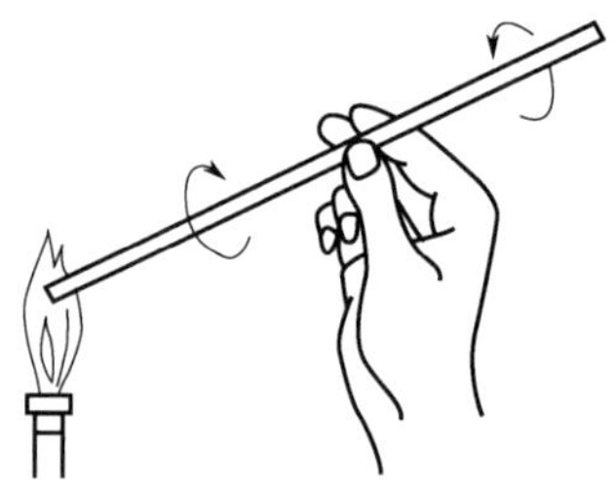

图 2-24 玻璃管截断面的熔烧

### 二、弯曲玻璃管

弯曲玻璃管时，最好在煤气灯上罩以鱼尾灯头扩展火焰，以增大玻璃管的受热面积。两手持玻璃管的两端，缓慢而均匀地转动玻璃管（如图2-25），以免玻璃管软化后发生扭曲，一直加热到玻璃管充分软化。

玻璃管离开火焰后，稍等 1～2s，使各部分温度均匀，准确地把它弯成所需的角度（如图 2-26）。弯好后，待其冷却变硬，再把它放在石棉铁丝网上继续冷却。

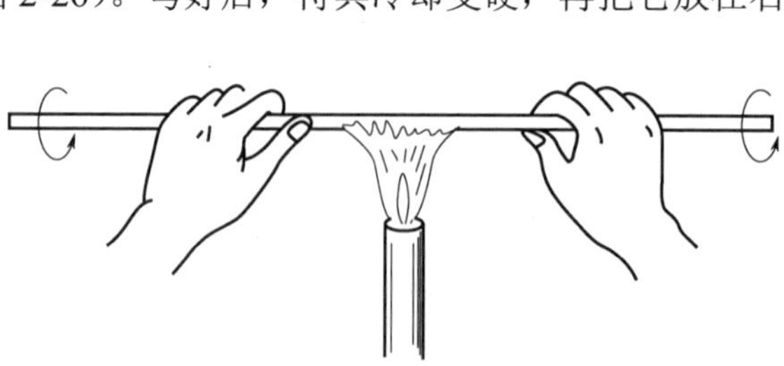

图 2-25 玻璃管待弯曲部位的加热

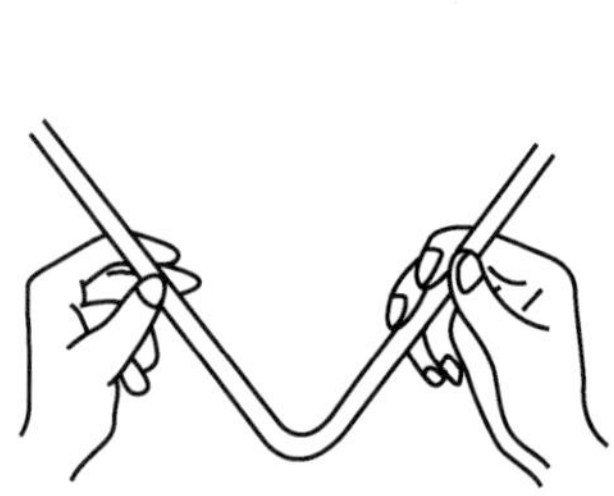

图 2-26 玻璃管的弯曲

## 三、拉细玻璃管

拉细玻璃管时加热玻璃管的方法与弯曲玻璃管时基本一样，不过火焰灼烧的面积不要那么大，但玻璃管要烧得更软一些。从火焰中取出，顺着水平方向边拉边微微来回转动玻璃管（如图 2-27），待拉到所需要的细度时，单手持玻璃管，使玻璃管自由下垂。待冷却后，可按需要截断。

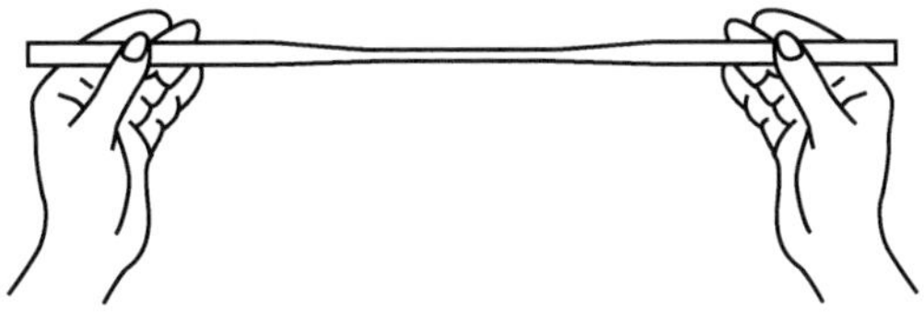

图 2-27　玻璃管的拉细

# 第三章

# 基础实验

## 实验一　称量方法及技术

化学实验的称量方法

### 一、实验目的

1. 初步了解分析天平的基本构造；
2. 学习分析天平的使用方法；
3. 学会用直接法和减量法称量物体的质量。

### 二、实验原理

本实验采用电子分析天平。它的最大载荷为200g，精密度为0.0001g（即0.1mg）。根据待称量样品的性质不同，可选用直接法或减量法进行称量。

**直接法称量**　对于不易吸湿、在空气中性质稳定的一些固体样品，如一般的金属、矿石等的称量可用直接法。称量纸或其他容器放在天平的秤盘上，先去除皮重，然后将一定量的样品放入容器中，称出其质量为 $m$。

**减量法称量**　对于易吸湿、在空气中不稳定的样品宜用减量法进行称量。这类样品一般用称量瓶盛装，并保存在干燥器中。称量时，从干燥器中取出称量瓶，先称量装有样品的称量瓶的质量 $m_2$，然后倾倒出所需要质量的样品，再称量剩余样品与称量瓶的质量 $m_1$，则（$m_2-m_1$）即为所倾倒出的样品的质量。

### 三、仪器和药品

**1. 实验仪器**

电子分析天平、烧杯、称量纸、干燥器、称量瓶。

**2. 实验药品**

硫酸铜 $CuSO_4 \cdot 5H_2O$（固，A.R.）、合金片（如锌铝合金）。

### 四、实验内容

**1. 天平水平的调整**

按附录一中所述分析天平的使用方法，检查天平，并调节好天平的水平位置。

**2. 直接法称量合金片**

在电子分析天平的称量盘上放置称量纸，指示值稳定后，按去皮键“TARE”，显示为零，即去除皮重，然后将合金片放在称量纸上，天平即显示合金片的质量 $m$。将结果与教师核对正确后，包好合金片，写上班级、姓名和所称质量，交给指导教师保存，以供其他实验中使用。

**3. 减量法称量硫酸铜（$CuSO_4 \cdot 5H_2O$）晶体**

计算配制 100g 的 0.2mol · kg$^{-1}$ 硫酸铜溶液所需 $CuSO_4 \cdot 5H_2O$ 晶体的质量。具体称量方法为：

打开干燥器盖子，用纸条夹持盛有 $CuSO_4 \cdot 5H_2O$ 晶体的称量瓶，将它从干燥器中取出，然后在电子天平上准确称其质量 $m_2$。用左手借纸条夹持称量瓶中部、右手拿住用小纸片包住的称量瓶盖上的尖头，略微倾斜称量瓶，用盖轻敲称量瓶口的上边缘，使 $CuSO_4 \cdot 5H_2O$ 晶体慢慢倾落在称量纸（或其他容器）上（如图 3-1）。待到适当量后，一边将称量瓶竖起，一边轻敲称量瓶瓶口，盖上盖子，再放回天平上称量，此时称出的质量为 $m_1$。则（$m_2-m_1$）即为倾倒出 $CuSO_4 \cdot 5H_2O$ 晶体的质量。

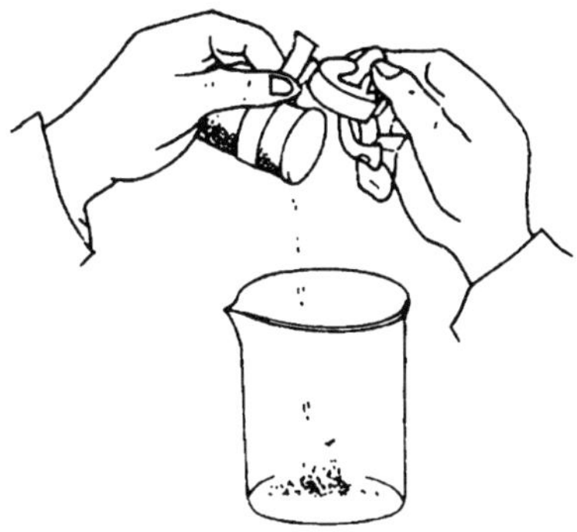
图 3-1　样品的倾倒操作

如果倒出的质量小于所需的量，应依法再次倾倒、称量，直至所需称量范围。记下最后一次的称量值 $m_1$。若倾倒出的晶体超过所需范围，不能将晶体放回称量瓶，应倒入实验室指定的回收瓶中，并重新称量。

实验中往往要倾倒几次才能达到要求，要有耐心，逐次倾倒少量，慢慢接近需要量或教师指定的称量范围。倾倒时注意不能让晶体落在称量纸（或容器）外。

称完后，用称量纸将 $CuSO_4 \cdot 5H_2O$ 晶体包好，写上班级、姓名、晶体名称和质量，交给指导教师保存，供以后实验使用。

## 五、思考题

1. 称取试样时，如果加入样品量过多，能否将多余的样品放回原试剂瓶中？为什么？
2. 用电子分析天平称量样品时，忘记将天平左门关上，会对称量结果造成怎样的影响？

# 实验二　金属摩尔质量的测定

## 一、实验目的

1. 了解用置换法测定金属摩尔质量的方法；
2. 掌握利用气体状态方程和分压定律进行有关计算；
3. 掌握量气管的使用方法。

## 二、实验原理

测定金属摩尔质量的方法有多种，例如置换法、电解法等。

活泼金属（镁、锌、铝等）与稀酸作用时放出氢气。氢气的质量与消耗掉的金属质量之比同它们的摩尔质量有关。

本实验中用置换法测定金属镁的摩尔质量。将已知质量的镁与过量的稀酸作用，用排水集气法测量被置换出氢气的体积，并利用气体状态方程计算氢气的质量。

$$10^6 p(H_2)V(H_2) = \frac{m(H_2)}{M(H_2)}RT$$

式中，$p(H_2)$为氢气的压力，Pa；$V(H_2)$为置换出氢气的体积，mL（$1mL=1cm^3=10^{-6}m^3$）；$m(H_2)$为置换出氢气的质量，g；$M(H_2)$为氢气的摩尔质量，$g \cdot mol^{-1}$；$T$ 为氢气的温度，K；$R$ 为摩尔气体常数，$8.314J \cdot K^{-1} \cdot mol^{-1}$。

由于在量气管内收集的氢气是被水蒸气所饱和的，根据分压定律，量气管内的气压 $p$（等于大气压力）是氢气的分压 $p(H_2)$与实验温度（$t$℃）时饱和水蒸气的分压 $p(H_2O)$的总和，即：$p(大气) = p(H_2)+p(H_2O)$，所以 $p(H_2) = p(大气)-p(H_2O)$。则氢气的质量为：

$$m(H_2) = \frac{M(H_2)[p(大气) - p(H_2O)]V(H_2) \times 10^{-6}}{R(273.15+t)}$$

式中，$p(大气)$是气压计读出的大气的压力❶，Pa；$t$ 为实验时氢气的温度，℃。

金属镁的摩尔质量由下式算出：

$$\frac{M(H_2)}{M(Mg)} = \frac{m(H_2)}{m(Mg)}$$

$$M(Mg) = \frac{M(H_2)m(Mg)}{m(H_2)}$$

$$M(Mg) = \frac{m(Mg)R(273.15+t)}{[p(大气) - p(H_2O)]V(H_2O) \times 10^{-6}}$$

式中，$m(Mg)$为参加反应的金属镁的质量，g；$M(H_2)$为氢的摩尔质量，$2.016g \cdot mol^{-1}$；$M(Mg)$为金属镁的摩尔质量，$g \cdot mol^{-1}$。

## 三、仪器和药品

### 1. 实验仪器

测定金属摩尔质量的装置（量气管❷、水准球、橡胶管、铁架台、滴定管夹、铁圈、橡胶塞）、烧杯（250mL）、竹镊子、玻璃棒、洗瓶、温度计（公用）、气压计（公用）。

### 2. 实验药品

硫酸 $H_2SO_4$（$2mol \cdot kg^{-1}$）、镁条 Mg（分析纯）、甘油 $C_3H_5(OH)_3$。

---

❶ 福廷式气压计读出的气压是以毫巴（mbar）为单位的，只要乘以 100 即转换成以帕斯卡（Pa）为单位的气压值。例如，气压计读数为 1013.25mbar，则 1013.25×100=101325Pa。

❷ 量气管的容量不应小于 50mL，读数可估计到 0.01mL，本实验用碱式滴定管代替。

## 四、实验内容

### 1. 仪器装置和漏气检查

按照图 3-2 的实验装置，令水准球的位置高出量气管约 30cm。用小烧杯将约 100mL 的 2mol • $kg^{-1}$ $H_2SO_4$ 从水准球注入，使量气管内硫酸液面略低于刻度零处（注意千万不可使液面高出刻度零处）。然后将已称好的镁条（镁条质量在 0.03～0.04g 为宜）用甘油湿润一下，用镊子送入量气管内壁并贴于量气管的上部，并用玻璃棒推动镁条使镁条与酸液面距离 1～2cm（如图 3-3）。塞好橡胶塞（注意一定要塞紧!），将水准球向下移动一段距离，使水准球内液面低于量气管液面，将水准球固定后，若量气管内液面仍不断下降，表示装置漏气，则应检查各连接处，予以纠正，直至装置不漏气为止。

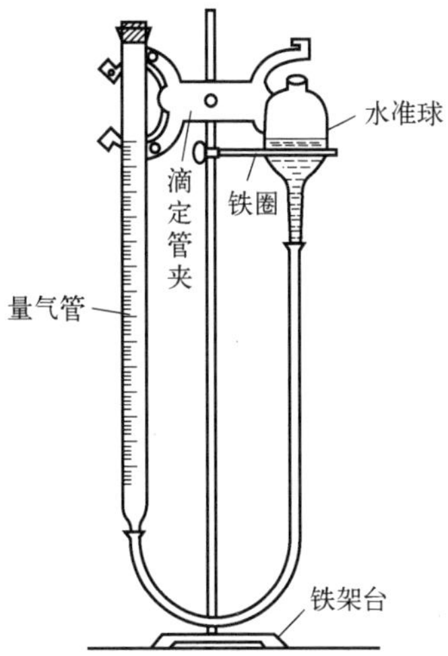


图 3-2　测定金属摩尔质量的装置

图 3-3　镁条贴在量气管上部

### 2. 氢气的发生、收集和体积的量度

调整量气管与水准球的位置，使量气管内酸液面与水准球内酸液面在同一水平上（动作小心，慎防镁条掉进酸中）。准确读出量气管内酸液面的位置（至小数点后两位数字），将读数记下。取下量气管，适度倾斜量气管（如图 3-3），使镁条与酸作用，待镁条落入酸中后，将量气管放回原处。此时量气管内酸液面开始下降。为了不使量气管内气压增加而造成漏气，在量气管液面下降的同时应慢慢地向下移动水准球，使水准球内液面随量气管液面一起下降，直到量气管内液面停止下降后，再将水准球固定。待量气管冷却至室温约 10min 后，移动水准球，使两管液面处于同一水平上，读出量气管内液面所在的位置。然后每隔 2～3min，读数一次，直到读数不变为止，记下最后读数。

取下塞子，并将装置恢复到图 3-2 的位置，用盛有去离子水的洗瓶淋洗量气管的上部及橡胶塞，以除去可能附着的酸液（淋洗量气管上部的水不能过多）。取一已知质量的镁条重复做上述实验。

实验完毕，将酸液倒入实验室已准备好的回收瓶内，洗净仪器。随后记下当时的室温及大气压力，从表 3-1 中查出此室温时水的饱和蒸气压，计算镁的摩尔质量及实验测定的误差。

表 3-1　不同温度时水的饱和蒸气压

| 温度/℃ | 饱和蒸气压/Pa | 温度/℃ | 饱和蒸气压/Pa |
|---|---|---|---|
| 1 | 657.727 | 19 | 2197.146 |
| 2 | 705.273 | 20 | 2338.468 |
| 3 | 757.269 | 21 | 2486.455 |
| 4 | 813.264 | 22 | 2643.775 |
| 5 | 871.926 | 23 | 2809.094 |
| 6 | 934.587 | 24 | 2983.746 |
| 7 | 1001.248 | 25 | 3167.731 |
| 8 | 1073.242 | 26 | 3361.047 |
| 9 | 1147.902 | 27 | 3565.030 |
| 10 | 1227.895 | 28 | 3779.679 |
| 11 | 1311.888 | 29 | 4004.993 |
| 12 | 1402.547 | 30 | 4242.306 |
| 13 | 1497.206 | 31 | 4504.950 |
| 14 | 1598.531 | 32 | 4754.262 |
| 15 | 1705.188 | 33 | 5030.239 |
| 16 | 1817.179 | 34 | 5318.215 |
| 17 | 1937.168 | 35 | 5623.522 |
| 18 | 2063.824 | 36 | 5940.828 |

## 五、思考题

1. 本实验中置换出的氢气的体积是怎样量度的？为什么读数时必须使水准球内液面与量气管内液面保持在同一水平面上？

2. 量气管内气体的体积是否等于置换出氢气的体积？量气管内气体的压力是否等于氢气的压力？

3. 硫酸的浓度和用量是否应严格控制和准确量取？为什么？

4. 在镁与稀酸作用完毕后，为什么要等试管冷却到室温时方可读数？

# 实验三　油品燃烧热的测定

液体燃料燃烧热的测定

## 一、实验目的

1. 理解燃烧热的含义；

2. 掌握弹式量热计法测定液体燃料燃烧热的方法；

3. 掌握雷诺图法校正温度的方法。

## 二、实验原理

燃烧热是指一定质量的物质与氧气进行完全氧化反应时的反应热。根据燃烧热过程中是恒容还是恒压，燃烧热可以分为恒容燃烧热（$Q_V$）和恒压燃烧热（$Q_p$）。

恒容燃烧热：

$$Q_V = \Delta U$$

恒压燃烧热：

$$Q_p = \Delta H$$

$$Q_p = Q_V + \Delta nRT$$

式中，$\Delta U$ 为内能改变量；$\Delta H$ 为焓变；$\Delta n$ 为反应生成物与反应物化学计量数差值；$R$ 为摩尔气体常数；$T$ 为温度。

燃烧热是指 1mol 物质在等温情况下与氧气进行完全氧化反应时所释放的能量，是化学中的重要数据。燃烧热广泛地应用于各种热化学测量。测量燃烧热原理是能量守恒定律，样品完全燃烧放出的能量使量热计本身及其周围介质（本实验用水）温度升高，测量介质燃烧前后温度的变化，就可以计算样品的恒容燃烧热。许多物质的燃烧热和反应热已经测定。本实验燃烧热是在恒容情况下测定的。

$$m_{点火丝}Q_{点火丝} + m_{样品}Q_V = (C_{水}m_{水} + C_{计})\Delta T$$

式中，$Q_V$ 为待测样品的恒容燃烧热；$m$ 为质量；$C_{水}$ 为水的比热容；$C_{计}$ 为量热计热容。记 $K$ 为仪器常数，$K = C_{水}m_{水} + C_{计}$，其数值为 $13\text{kJ} \cdot \text{K}^{-1}$；燃烧丝的 $Q_V = -4.1\text{J} \cdot \text{cm}^{-1}$。

系统除样品燃烧放出热量引起系统温度升高以外还有其他因素，这些因素都须进行校正。其中系统热漏必须经过雷诺作图法校正。校正方法如下：称适量待测物质燃烧，然后将燃烧前后历次观察的水温对时间作图，连成 $FHID$ 折线，见图 3-4，图中 $H$ 相当于开始燃烧之点 $T_1$，$D$ 为观察到最高的温度读数点 $T_2$，在（$T_1+T_2$）/2 作一平行线 $JI$ 交折线于 $I$，过 $I$ 点作垂线 $ab$，然后将 $FH$ 线和 $GD$ 线外延交 $ab$ 于 $A$、$C$ 两点。$A$ 点与 $C$ 点所表示的温度差即为欲求温度的升高 $\Delta T$。

图中 $AA'$ 为开始燃烧到温度上升至室温这一段时间 $\Delta t_1$ 内，由环境辐射和搅拌引进的能量而造成量热计温度的升高，必须扣除之；$CC'$ 为温度由室温升高到最高点 $D$ 这一段时间 $\Delta t_2$ 内，量热计向环境放出能量而造成量热计温度的降低，因此需要添加上。由此可见，$A$、$C$ 两点的温差较客观地表示了由于样品燃烧促使温度计升高的数值，有时量热计的绝热情况良好，热漏小，而搅拌器功率大，不断稍微引进能量使得燃烧后的最高点不出现，这种情况下 $\Delta T$ 仍然可以按照同样方法校正，如图 3-5 所示。

## 三、仪器和药品

**1. 实验仪器**

液体燃料燃烧热测定装置、分析天平、氧气钢瓶及减压阀、量筒（1000mL）、小烧杯（50mL）。

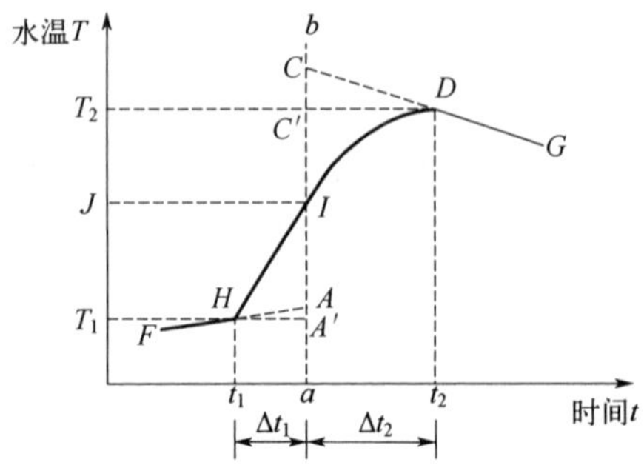


图 3-4　绝热较差时的雷诺校正图

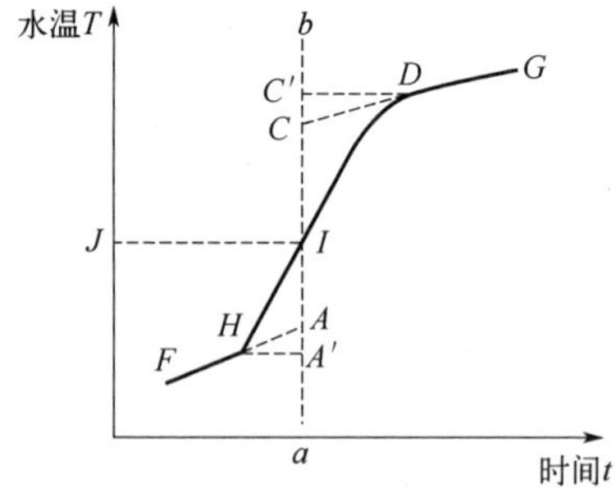


图 3-5　绝热良好时的雷诺校正图

**2. 实验药品**

脱脂棉、待测油品、点火丝（铁丝，燃烧值为 2.9J·$cm^{-1}$）、氧气［装在专用钢瓶内，压力可达 150kgf·$cm^{-2}$（1kgf=9.8N），即 15MPa，禁火禁油］。

## 四、实验内容

### 1. 脱脂棉的燃烧热测定

（1）装样料

打开氧弹盖，将氧弹内擦拭干净（特别是电极下端的不锈钢接线柱更应该擦拭干净），把氧弹头放在弹头架上；准确称取约 0.05g 的脱脂棉，准确记录质量，将脱脂棉放入坩埚内，然后将坩埚放在燃烧架上；量取 10cm 的燃烧丝，将燃烧丝的两端分别与弹头两电极固定，用小镊子将点火丝弯成 V 形，使其底端与样品接触，紧贴样品（注意：燃烧丝不能与坩埚壁相碰）；在弹杯中注入 10mL 蒸馏水，将弹头放入弹杯并小心旋紧氧弹头。

（2）充氧

使用高压钢瓶时必须严格遵守操作规则。开始先充入少量氧气（约 0.5MPa），然后开启出口，借以赶出氧弹中空气。再充入约 2MPa 的氧气。

（3）加水测水温

将量热计外筒内注满水缓慢搅动，打开燃烧热实验仪，并将温度传感器插入外筒水中测其温度，再用量筒准确量取 3000mL 调好的自来水，注入内筒，水面刚好盖过氧弹，若氧弹有气泡溢出，说明氧弹漏气，寻找原因并排除。将电极插头插在氧弹两电极上，电极线嵌入氧弹的槽中，盖上盖子(注意搅拌器不要与弹头相碰)。同时将传感器插入内筒水中，此时“点火”指示灯亮起。

（4）点火

开启搅拌开关进行搅拌。水温基本稳定后将温差“采零”并“锁定”。然后将传感器取出放入外筒水中，记录其温差值，再将传感器插入内筒水中。水温基本稳定后，按“定时”增减键，设定为 60s。每隔 60s 读温差值一次，直至连续 10 次，水温有规律地微小变化。设置蜂鸣 15s 一次，按下“点火”键，“点火灯”熄灭，停顿一会儿，点火指示灯又亮起，直到燃烧丝烧断，点火指示灯才熄灭。坩埚内的样品一经燃烧，水温很快上升，点火成功，每隔 15s 记录一次。直到两次读数差值小于 0.005℃。设置间隔 60s，每隔 60s 记录一次温差，连续读 10 个点，直至实验结束。

注意：水温没有上升，说明点火失败，关闭电源，取出氧弹，用放气阀放出氧气，仔细检查燃烧丝和连接线，找出原因并进行排除。

（5）校验

实验结束后，关闭电源，将温度传感器放入外筒。取出氧弹，用放气阀放出氧弹内的余气，旋下氧弹盖，测量燃烧后燃烧丝燃烧的长度，并检查样品燃烧的情况，若坩埚内没有残渣说明实验成功，反之实验失败。

**2. 液体燃料燃烧热的测定**

称取约 0.5g 的待测油品，并准确记录油品的质量。将待测油品注入坩埚中，按照 1.中（2）、（3）和（4）的方法测定该油品的燃烧热值。

## 五、注意事项

1. 为保证测试温度，本仪器在使用前必须开机预热 0.5h。
2. 内筒中加一定体积的水后若有气泡逸出，说明氧弹漏气，应设法排除。
3. 搅拌时不得有摩擦声。
4. 燃烧样品为萘时，内筒水要更换且需重新调温。
5. 每次实验结束，要小心地拿出测温探头，再打开量热计的上盖，以免损坏测温探头。把所用仪器如氧弹、坩埚、内筒等清洗干净并放回原处。
6. 顺时针旋转氧气钢瓶阀杆，关好钢瓶。逆时针旋转减压阀杆，关好减压阀。要特别注意安全。开时先开氧气钢瓶，再开减压阀；关时先关钢瓶，再关减压阀。实验过程中，不用频繁开关钢瓶和减压阀。实验结束时，才要关好钢瓶和减压阀。（为什么？）
7. 实验过程中不要做与本实验无关的事，不要动与本实验无关的仪器。

## 六、思考题

1. 在氧弹里加 10mL 蒸馏水起什么作用？
2. 试根据实验所得的雷诺校正图，解释体系和环境热交换的情况。
3. 水桶中的水温为什么要选择比外筒水温低？低多少合适？为什么？
4. 如果要提高实验的准确度应从哪几个方面考虑。

# 实验四　化学反应速率常数的测定及其影响因素

## 一、实验目的

1. 了解浓度、温度和催化剂对化学反应速率的影响；
2. 了解 KI 和$(NH_4)_2S_2O_8$反应的反应速率、反应级数、速率常数和活化能的测定方法和原理；
3. 学会水浴中的恒温操作。

## 二、实验原理

在水溶液中过二硫酸铵与碘化钾发生如下反应：

$$S_2O_8^{2-} + 3I^- \longrightarrow 2SO_4^{2-} + I_3^- \tag{3-1}$$

该反应的反应速率与浓度的关系，可以用式（3-2）表示：

$$v = -\frac{d[c(S_2O_8^{2-})]}{dt} = k[c(S_2O_8^{2-})]^m[c(I^-)]^n \tag{3-2}$$

式中，$k$ 为反应速率常数；$m$ 和 $n$ 为 $S_2O_8^{2-}$ 和 $I^-$ 的反应级数，$m+n$ 为总反应级数；$v$ 为反应的瞬时速率，若 $c(S_2O_8^{2-})$ 和 $c(I^-)$ 为初始浓度，则 $v$ 表示初速率（$v_0$）。实验中只能测出一段时间内反应的平均速率，并近似用平均速率代替初速率，因此有：

$$v_0 = -\frac{\Delta[c(S_2O_8^{2-})]}{\Delta t} = k[c(S_2O_8^{2-})]^m[c(I^-)]^n \tag{3-3}$$

为了测出一定时间（$\Delta t$）内 $S_2O_8^{2-}$ 浓度的改变量，在混合过二硫酸铵和碘化钾溶液的同时，加入一定体积已知浓度的 $Na_2S_2O_3$ 溶液和淀粉溶液，这样在式（3-1）进行的同时还进行着另一反应：

$$2S_2O_3^{2-} + I_3^- \longrightarrow S_4O_6^{2-} + 3I^- \tag{3-4}$$

式（3-4）进行得很快，几乎瞬间完成，而式（3-1）却进行得非常缓慢。式（3-1）生成的 $I_3^-$ 与 $S_2O_3^{2-}$ 生成无色的 $S_4O_6^{2-}$ 和 $I^-$。因此，开始一段时间内溶液呈现无色，当 $Na_2S_2O_3$ 一旦耗尽，则由式（3-1）生成的微量 $I_3^-$ 就很快与淀粉作用使溶液呈蓝色。

由式（3-1）和式（3-4）的关系式可以看出，$S_2O_8^{2-}$ 浓度的减少量，总是等于 $S_2O_3^{2-}$ 减少量的一半，即

$$\Delta c(S_2O_8^{2-}) = \frac{1}{2}\Delta c(S_2O_3^{2-}) \tag{3-5}$$

由于在 $\Delta t$ 时间内，$S_2O_3^{2-}$ 全部耗尽，所以 $\Delta c(S_2O_8^{2-})$ 实际上就是反应开始时 $Na_2S_2O_3$ 的浓度的一半。本实验中，每份混合液中 $Na_2S_2O_3$ 的起始浓度都是相同的，因而 $\Delta c(S_2O_3^{2-})$ 也是不变的。这样，只要记下从反应开始到溶液出现蓝色所需要的时间 $\Delta t$，就可以求算出一定温度下的平均反应速率：

$$v = -\frac{\Delta[c(S_2O_8^{2-})]}{\Delta t} = -\frac{\Delta[c(S_2O_3^{2-})]}{2\Delta t} \tag{3-6}$$

从不同浓度下测得的反应速率，就能计算出该反应的反应级数 $m$ 和 $n$，又可以根据式（3-7）求得一定温度下的反应速率常数。

$$k = \frac{v}{[c(S_2O_8^{2-})]^m[c(I^-)]^n} = -\frac{\Delta[c(S_2O_3^{2-})]}{2\Delta t[c(S_2O_8^{2-})]^m[c(I^-)]^n} \tag{3-7}$$

阿伦尼乌斯公式反映了速率常数与温度的关系：

$$\lg k = \frac{-E_a}{2.303RT} + \lg A \tag{3-8}$$

式中，$E_a$ 为活化能；$R$ 为气体常数；$A$ 为实验测得的常数。测出不同温度时的 $k$ 值，以 $\lg k$ 对 $1/T$ 作图，可以得到一条直线，其斜率为 $J$，即：

$$J = \frac{-E_a}{2.303R} \tag{3-9}$$

可以求得活化能：$E_a = -2.303RJ$。

## 三、仪器和药品

### 1. 实验仪器

恒温水浴锅、烧杯（50mL、100mL）、量筒（10mL、5mL）、试管、秒表、温度计、玻璃棒或电磁搅拌器。

### 2. 实验药品

$(NH_4)_2S_2O_8$(0.20mol・L$^{-1}$)、KI(0.20mol・L$^{-1}$)、$Na_2S_2O_3$(0.010mol・L$^{-1}$)、$KNO_3$(0.20mol・L$^{-1}$)、$(NH_4)_2SO_4$(0.20mol・L$^{-1}$)、$Cu(NO_3)_2$(0.02mol・L$^{-1}$)、淀粉溶液（0.2%）。

## 四、实验内容

### 1. 浓度对反应速率的影响

用 3 个量筒分别量取 20mL 的 0.20mol・L$^{-1}$ KI 溶液、6mL 的 0.010mol・L$^{-1}$ $Na_2S_2O_3$ 和 6mL 的 0.2%淀粉溶液，都倒入 100mL 的烧杯中，混合均匀。再用另一个量筒量取 20mL 的 0.20mol・L$^{-1}$ $(NH_4)_2S_2O_8$ 溶液，迅速倒入烧杯中，同时按下秒表，不断搅拌，仔细观察。当溶液刚刚出现蓝色时，立刻停止计时，将反应时间和室温记录于表 3-2。

用上述方法参照表 3-2 的用量进行Ⅱ～Ⅴ号实验。为了使每次实验中溶液的离子强度和总体积保持不变，所减少的 KI 或者$(NH_4)_2S_2O_8$ 的用量分别用 0.20mol・L$^{-1}$ $KNO_3$ 和 0.20mol・L$^{-1}$ $(NH_4)_2SO_4$ 来调整。

表 3-2　浓度对反应速率的影响

实验时间：__________　　　　室温：______℃

| 实验编号 | | Ⅰ | Ⅱ | Ⅲ | Ⅳ | Ⅴ |
|---|---|---|---|---|---|---|
| 试剂用量/mL | 0.20mol・L$^{-1}$ $(NH_4)_2S_2O_8$ | 20 | 10 | 5 | 20 | 20 |
| | 0.20mol・L$^{-1}$ KI | 20 | 20 | 20 | 10 | 5 |
| | 0.010mol・L$^{-1}$ $Na_2S_2O_3$ | 6 | 6 | 6 | 6 | 6 |
| | 0.2%淀粉溶液 | 6 | 2 | 2 | 2 | 2 |
| | 0.20mol・L$^{-1}$ $KNO_3$ | | | | 10 | 15 |
| | 0.20mol・L$^{-1}$ $(NH_4)_2SO_4$ | | 10 | 15 | | |
| | $H_2O$ | | 4 | 4 | 4 | 4 |
| 52mL 混合液中反应物的起始浓度/（mol・L$^{-1}$） | $(NH_4)_2S_2O_8$ | | | | | |
| | KI | | | | | |
| | $Na_2S_2O_3$ | | | | | |

续表

| 实验编号 | Ⅰ | Ⅱ | Ⅲ | Ⅳ | Ⅴ |
|---|---|---|---|---|---|
| 反应时间 $\Delta t$/s | | | | | |
| $S_2O_8^{2-}$ 浓度变化 $\Delta c(S_2O_8^{2-})$ /（mol·L$^{-1}$） | | | | | |
| 反应速率 $v$ | | | | | |

**2. 温度对反应速率的影响**

按照表 3-2 中Ⅰ号的用量，在 50mL 干燥小烧杯中加入 KI、$Na_2S_2O_3$ 和淀粉溶液，在另一个大的干燥大试管中加入$(NH_4)_2S_2O_8$ 溶液，同时放入冰水浴中冷却，待两种试液均冷却到低于室温 10℃时，将$(NH_4)_2S_2O_8$ 迅速加到 KI 等的混合液中，同时计时并不断搅拌，当溶液变蓝时，记录反应时间。

利用热水浴在高于室温 10℃的条件下，重复上述实验，记录反应时间。将以上实验数据和实验Ⅰ的有关数据记入表 3-3。

表 3-3 温度对反应速率的影响

| 实验编号 | Ⅵ | Ⅶ | Ⅷ |
|---|---|---|---|
| 反应温度 $t$/℃ | 室温 | 室温+10℃ | 室温-10℃ |
| 反应时间 $\Delta t$/s | | | |
| 反应速率 $v$ | | | |

**3. 催化剂对化学反应速率的影响**

按实验Ⅰ药品用量进行实验，在$(NH_4)_2S_2O_8$ 溶液加入 KI 混合液之前，先在 KI 混合液中加入 2 滴 0.02mol·L$^{-1}$ 的 $Cu(NO_3)_2$ 溶液，搅匀，其他操作同实验 1。

## 五、实验数据处理

**1. 反应级数和反应速率常数的计算**

将式（3-2）取对数，得 $\lg v = \lg k + m\lg c(S_2O_8^{2-}) + n\lg c(I^-)$，当 $c(I^-)$ 浓度不变时（实验Ⅰ、Ⅱ、Ⅲ），以 $\lg v$ 对 $\lg c(S_2O_8^{2-})$ 作图，得到一条直线，斜率就是 $m$。同理，当 $c(S_2O_8^{2-})$ 浓度不变时（实验Ⅰ、Ⅳ、Ⅴ），以 $\lg v$ 对 $\lg c(I^-)$ 作图，得到一条直线，斜率就是 $n$。此反应级数为 $m+n$。

利用实验中一组实验数据即可求出反应速率常数 $k$。实验数据列于表 3-4。

表 3-4 反应级数和反应速率常数的计算

| 实验编号 | Ⅰ | Ⅱ | Ⅲ | Ⅳ | Ⅴ |
|---|---|---|---|---|---|
| $\lg v$ | | | | | |
| $\lg c(S_2O_8^{2-})$ | | | | | |
| $\lg c(I^-)$ | | | | | |

续表

| 实验编号 | Ⅰ | Ⅱ | Ⅲ | Ⅳ | Ⅴ |
| --- | --- | --- | --- | --- | --- |
| $m$ | | | | | |
| $n$ | | | | | |
| 反应速率常数 $k$ | | | | | |

**2. 反应活化能的计算**

由式（3-8）可知，测出不同温度下的 $k$ 值，以 $\lg k$ 对 $1/T$ 作图，得直线，斜率为 $-E_a/(2.303R)$，可求出反应的活化能 $E_a$。具体数值列于表 3-5。

表 3-5　反应活化能的计算

| 实验编号 | Ⅵ | Ⅶ | Ⅷ |
| --- | --- | --- | --- |
| 反应速率常数 $k$ | | | |
| $\lg k$ | | | |
| $1/T$ | | | |
| 反应活化能 $E_a$ | | | |

## 六、思考题

1. 根据反应方程式，是否能确定反应级数？为什么？试用本实验的结果加以说明。

2. 若不用 $S_2O_8^{2-}$，而用 $I^-$ 或 $I_3^-$ 的浓度变化来表示反应速率，则反应速率常数 $k$ 是否一样？

3. 实验中为什么可以用反应溶液出现蓝色的时间长短来计算反应速率？反应溶液出现蓝色后，反应是否停止了？

4. 活化能的文献数据 $E_a$=51.8kJ·mol$^{-1}$，计算相对误差，并分析误差的原因。

# 实验五　电导率法测定硫酸钡的溶度积常数

## 一、实验目的

1. 掌握使用电导率法测定 $BaSO_4$ 溶度积的方法；

2. 了解电导率仪的工作原理与使用方法。

## 二、实验原理

硫酸钡是一种难溶电解质，在饱和溶液中存在如下平衡：

$$BaSO_4(s) \rightleftharpoons Ba^{2+}(aq) + SO_4^{2-}(aq)$$

其溶度积为：

$$K_{sp}^{\ominus}(BaSO_4)=\frac{c(Ba^{2+})}{c^{\ominus}}\times\frac{c(SO_4^{2-})}{c^{\ominus}}=c^2(BaSO_4)/(c^{\ominus})^2$$

因此，只需测定 $c(Ba^{2+})$、$c(SO_4^{2-})$、$c(BaSO_4)$ 中任一值即可求出 $K_{sp}^{\ominus}(BaSO_4)(c^{\ominus}=1mol\cdot L^{-1})$。因为 $BaSO_4$ 的溶解度很小，所以可以把饱和溶液看成是无限稀释的溶液，离子的活度与浓度近似相等（$a\approx c$）。由于饱和溶液中 $BaSO_4$ 浓度很低，因此常采用电导法，通过测定 $BaSO_4$ 电解质溶液的电导率计算离子浓度。

物质导电能力的大小通常以电阻（$R$）或电导（$G$）表示，电阻 $R=\rho\frac{l}{A}$，电导是电阻的倒数：

$$G=\frac{1}{R}=\frac{1}{\rho}\times\frac{A}{l}=\kappa\frac{A}{l}$$

式中，$G$ 为电导，S（西门子）；$A$ 为截面积，$cm^2$；$l$ 为长度，cm；$\kappa$ 为电导率，$S\cdot cm^{-1}$；$\rho$ 为电阻率，$\Omega\cdot cm$。当测定两平行电极之间溶液的电导时，若电极面积 $A=1cm^2$，电极相距 1cm，溶液浓度为 $1mol\cdot L^{-1}$，则电解质溶液的电导为摩尔电导率，用 $\lambda$ 表示。当溶液浓度无限稀时，正、负离子之间的影响趋于零，摩尔电导率 $\lambda$ 趋于最大值，用 $\lambda_0$ 表示，称为极限摩尔电导率。实验证明当溶液无限稀释时，每种电解质的极限摩尔电导率是解离的两种离子的极限摩尔电导率的简单加和，对 $BaSO_4$ 饱和溶液有

$$\lambda_0(BaSO_4)=\lambda_0(Ba^{2+})+\lambda_0(SO_4^{2-})$$

当以 $\frac{1}{2}BaSO_4$ 为基本单元时，$\lambda_0(BaSO_4)=2\lambda_0\left(\frac{1}{2}BaSO_4\right)$，在 25℃时，无限稀释的 $\frac{1}{2}Ba^{2+}$ 和 $\frac{1}{2}SO_4^{2-}$ 的 $\lambda_0$ 值分别为 $63.6S\cdot cm^2\cdot mol^{-1}$ 和 $80.0S\cdot cm^2\cdot mol^{-1}$，因此，

$$\begin{aligned}\lambda_0(BaSO_4)&=2\lambda_0\left(\frac{1}{2}BaSO_4\right)=2\left[\lambda_0\left(\frac{1}{2}Ba^{2+}\right)+\lambda_0\left(\frac{1}{2}SO_4^{2-}\right)\right]\\&=2\times(63.6+80.0)=287.2(S\cdot cm^2\cdot mol^{-1})\end{aligned}$$

摩尔电导率 $\lambda$ 是 $1mol\cdot L^{-1}$ 溶液的电导率 $\kappa(\kappa=\lambda c)$，因此只要测溶液的 $\kappa$ 值，即可求溶液浓度。

$$c(BaSO_4)=\frac{1000\kappa(BaSO_4)}{\lambda_0(BaSO_4)}$$

由于测得 $BaSO_4$ 饱和溶液的电导率包括水的电导率，因此 $BaSO_4$ 的电导率为

$$\kappa(BaSO_4)=\kappa(BaSO_4溶液)-\kappa(H_2O)$$

$$G(BaSO_4)=G(BaSO_4溶液)-G(H_2O)$$

因此，$BaSO_4$ 的溶度积为：

$$K_{sp}^{\ominus}(BaSO_4)=\left\{\frac{1000\times[\kappa(BaSO_4溶液)-\kappa(H_2O)]}{\lambda_0(BaSO_4)}\right\}^2$$

$$=\left\{\frac{1000\times[G(\mathrm{BaSO_4溶液})-G(\mathrm{H_2O})]\frac{l}{A}}{\lambda_0(\mathrm{BaSO_4})}\right\}^2$$

式中，$l/A$ 是电极常数。

## 三、仪器和药品

**1. 实验仪器**

CON510 台式电导率仪、台秤、烧杯（100mL）、量筒（100mL）、电炉。

**2. 实验药品**

$BaSO_4$（固体，A.R.）、去离子水、KCl（$0.02mol\cdot kg^{-1}$）。

## 四、实验内容

**1. $BaSO_4$饱和溶液制备**

将 0.2g $BaSO_4$ 置于 100mL 烧杯中，加去离子水 60～80mL，加热煮沸 3～5min，并不断搅拌，然后静置，倒去上层清液，用去离子水洗 3 次，再加去离子水 60～80mL，加热煮沸 1～2min，静置，冷却至室温，得 $BaSO_4$ 饱和溶液。

**2. 用 $0.02mol\cdot kg^{-1}$KCl 溶液校正电极常数**

在 25℃，用 $0.02mol\cdot kg^{-1}$KCl 溶液校正电极常数。校正方法参见附录四。

**3. 电导测定**

使用电导率仪测定溶液电导，步骤如下：

（1）取 50mL 去离子水，测定其电导率 $\kappa(H_2O)$，测定时操作要迅速。

（2）将制得的 $BaSO_4$ 饱和溶液冷却至室温后取上层清液，测定 $\kappa$（$BaSO_4$ 溶液）。

## 五、实验数据记录与处理

实验数据记录于表 3-6。

**表 3-6　电导率的测定**　　　　温度________℃

| 次数 | $l/A$ | $\kappa(H_2O)$ / ($S\cdot cm^{-1}$) | $\kappa$($BaSO_4$溶液) / ($S\cdot cm^{-1}$) | $K_{sp}^{\ominus}(BaSO_4)$ |
|---|---|---|---|---|
| 1 | | | | |
| 2 | | | | |
| 3 | | | | |
| 平均值 | | | | |

## 六、思考题

1. 为什么要测去离子水的电导率？
2. 什么叫极限摩尔电导率？什么情况下 $\lambda_0=\lambda_0$（正离子）+$\lambda_0$（负离子）？
3. 什么条件下可用电导率计算溶液浓度？

# 实验六　酸碱滴定

滴定分析法
及其应用

## 一、实验目的

1. 掌握酸碱滴定的基本原理；
2. 掌握酸式滴定管、碱式滴定管和移液管的使用方法；
3. 学会控制滴定终点。

## 二、实验原理

利用酸碱中和反应，可以测未知浓度的酸或碱的浓度。量取一定体积未知浓度的碱溶液，用已知浓度的酸溶液滴定。根据酸碱完全中和所需物质的化学计量关系，可从所用的碱溶液的体积 $V$(碱)和所消耗的酸溶液的体积，根据已知酸的浓度 $c$(酸)计算出碱溶液的浓度 $c$(碱)。例如：

$$H_2C_2O_4 + 2NaOH = Na_2C_2O_4 + 2H_2O$$

设 $c$(酸)为参加反应草酸溶液的浓度，$V$(酸)为参加反应所用草酸溶液的体积，$c$(碱)为参加反应氢氧化钠溶液的浓度，$V$(碱)为参加反应所消耗氢氧化钠溶液的体积，则反应达化学计量点时有如下关系：

$$2c(\text{酸})V(\text{酸}) = c(\text{碱})V(\text{碱})$$

反之，也可以从 $V$(酸)、$V$(碱)和 $c$(碱)求出 $c$(酸)。

酸碱滴定的终点可借助于酸碱指示剂的变色来确定。例如，在用 NaOH 溶液滴定草酸时，可用酚酞作指示剂。酚酞在酸性溶液中是无色的，当全部草酸与 NaOH 作用完毕时，由于一滴过量的 NaOH 溶液，酚酞即呈现红色。此时表明已达到滴定的终点。

本实验用 NaOH 溶液滴定已知浓度的草酸，以标定 NaOH 溶液的浓度。再用已标定的 NaOH 溶液来滴定未知浓度的盐酸，以测定盐酸的浓度。

## 三、仪器和药品

### 1. 实验仪器

酸式滴定管（50mL）、碱式滴定管（50mL）、滴定台、滴定管夹、锥形瓶（250mL）、烧杯（250、100mL）、移液管（25mL）、洗耳球、洗瓶。

### 2. 实验药品

标准草酸 $H_2C_2O_4$（0.05000mol·$kg^{-1}$）、盐酸 HCl（约 0.1mol·$kg^{-1}$）、氢氧化钠 NaOH（约 0.1mol·$kg^{-1}$）、酚酞（1%）。

## 四、实验内容

### 1. 氢氧化钠溶液浓度的标定

（1）滴定前的准备工作

依次用去离子水和待标定浓度的 NaOH 溶液（约 0.1mol·$kg^{-1}$）洗涤洁净的碱式滴定

管各 2～3 次（滴定管的洗涤和使用方法参看附录二），然后注入 NaOH 溶液到刻度“0”以上。赶去滴定管下端的气泡，调节液面使其降至刻度“0”或略低于“0”的位置。准确记下此时滴定管中液面的读数到小数点后两位。

依次分别用去离子水及标准草酸溶液洗涤洁净的移液管各 2～3 次，然后用移液管吸取 25.00mL 标准草酸溶液，放入已经用水洗净的锥形瓶中。

（2）滴定

将盛有草酸溶液的锥形瓶放在碱式滴定管下面，滴入 2 滴酚酞溶液，摇匀，然后用 NaOH 溶液滴定。滴定时用左手控制滴定管橡胶管处玻璃珠，滴入 NaOH 溶液，用右手拿住锥形瓶瓶颈，并不断转动或摇荡锥形瓶，使溶液混合均匀。滴定开始时可加得稍快些，当溶液中出现浅红色经摇荡后在 0.5min 内不消失，即到达滴定终点。记下滴定管液面位置，它与滴定前液面位置之差即为滴定用去溶液的体积。

平行滴定三次。若三次滴定所用 NaOH 溶液体积之差不大（一般不应超过 0.2mL），即可取平均值，计算 NaOH 溶液的浓度（计算到 4 位有效数字）。

**2. 强酸溶液浓度的标定**

取待标定浓度的盐酸溶液（$0.1mol \cdot kg^{-1}$），将此溶液注入已经润洗的酸式滴定管中。将上面已经标定好浓度的 NaOH 溶液从碱式滴定管中放出 20.00mL 于一只洁净的锥形瓶中，再加入 2 滴酚酞溶液，摇匀。

用 HCl 溶液滴定 NaOH 溶液，滴定时应不断摇荡锥形瓶，直到滴入一滴 HCl 溶液，使瓶内溶液恰好由红色变为无色，记下所用溶液的体积。

平行滴定三次。取三次滴定数值的平均值，计算 HCl 溶液的浓度（计算到 4 位有效数字）。

## 五、思考题

1. 为什么移液管和滴定管必须用欲装入的液体洗涤，而锥形瓶只用水洗涤？

2. 在滴定以前，若在盛有 25.00mL 草酸溶液的锥形瓶中加入 20mL 水稀释之，所需 NaOH 溶液的量与未稀释前有无不同？

3. 以下情况对实验结果有何影响？

（1）滴定完毕，滴定管尖嘴外留有液滴；

（2）滴定完毕，尖嘴内有气泡；

（3）由于滴定管未洗净，滴定完毕，发现滴定管内壁挂有液滴。

4. 滴定接近终点时，为什么要用去离子水冲洗锥形瓶内壁？

# 实验七　水质硬度的测定

## 一、实验目的

1. 掌握 EDTA 配位滴定法测定水中硬度的原理和方法；

2. 了解舰用锅炉水硬度的测定原理和方法。

## 二、实验原理

测定水（包括舰用锅炉水）的总硬度，一般采用配位滴定法。用乙二胺四乙酸二钠EDTA 标准溶液直接滴定水中 $Ca^{2+}$、$Mg^{2+}$总量，然后换算为相应的硬度单位。目前我国采用德国硬度表示，以度（°H）计，即 1°H=10mg CaO • $L^{-1}$。

在 pH≈10 的氨-氯化铵缓冲溶液中，以铬黑 T（EBT）为指示剂，用 EDTA 标准溶液直接测定 $Ca^{2+}$、$Mg^{2+}$总量。其变色原理为（M 指水中的 $Ca^{2+}$、$Mg^{2+}$；In 指所用的指示剂；Y 指 EDTA）：

滴定前：M + In（蓝色）$=\!=\!=$ MIn（红色）

滴定中：M + Y $=\!=\!=$ MY

终点时：MIn（红色）+ Y $=\!=\!=$ MY + In（蓝色）

由于 $K_{CaY} > K_{MgY} > K_{Mg\text{-}EBT} > K_{Ca\text{-}EBT}$，铬黑 T 先与部分 $Mg^{2+}$反应为 Mg-EBT（酒红色）。当 EDTA 滴入时，EDTA 与 $Ca^{2+}$、$Mg^{2+}$反应，终点时 EDTA 夺取 Mg-EBT 中的 $Mg^{2+}$，将 EBT 置换出来，溶液由酒红色转为纯蓝色。

用 EDTA 测水的总硬度时，若水样中有 $Fe^{3+}$、$Al^{3+}$或 $Cu^{2+}$、$Pb^{2+}$、$Zn^{2+}$等金属离子时，对滴定有干扰。$Fe^{3+}$、$Al^{3+}$须用三乙醇胺掩蔽，$Cu^{2+}$、$Pb^{2+}$、$Zn^{2+}$等则用 KCN、$Na_2S$ 或巯基乙酸等掩蔽。

## 三、仪器和药品

### 1. 实验仪器

酸式滴定管（50mL）、量筒（100mL）、锥形瓶、药匙、滴定台、滴定管夹、滴管、洗瓶。

### 2. 实验试剂

乙二胺四乙酸二钠 EDTA（0.00500mol • $kg^{-1}$）、硫化钠 $Na_2S$（2%）、氨-氯化铵缓冲溶液 $NH_3 \cdot H_2O\text{-}NH_4Cl$（pH=10）、铬黑 T 指示剂（固体质量比 EBT∶NaCl=1∶100）、水样、去离子水。

## 四、实验内容

（1）取 100mL 水样，加入 5～7 滴 $Na_2S$ 溶液，再加入约 3mL 氨-氯化铵的缓冲溶液，摇匀。

（2）然后加入约 0.1g 的 EBT 指示剂，振荡摇匀，若水样呈蓝色，说明水样硬度为零，若水样呈红色，说明水有硬度。

（3）用 EDTA 标准溶液滴定水样至出现蓝色，说明达到终点。记录所消耗 EDTA 的体积，用 $V_{EDTA}$ 表示。

（4）平行滴定三次。

## 五、实验数据记录与处理

### 1. 水质硬度的测定

实验数据记录于表 3-7。

表 3-7　水质硬度实验测定数据

| 项目 | 1 | 2 | 3 |
| --- | --- | --- | --- |
| 滴定前的读数 $V$(EDTA 始)/ mL | | | |
| 滴定后的读数 $V$(EDTA 终)/ mL | | | |
| 消耗标准溶液的体积 $V$(EDTA)/ mL | | | |

**2. 结果处理**

根据式（3-10）计算所测水样的硬度。

$$x=0.28V_{\mathrm{EDTA}}(°\mathrm{H}) \tag{3-10}$$

## 六、思考题

1. 什么是硬水？什么是软水？什么是暂时硬水？什么是永久硬水？

2. 用 EDTA 法测定水的硬度时，往往加入三乙醇胺或 $Na_2S$ 溶液，其目的何在？

3. 已知水质分类是：0～4°H 为很软的水；4～8°H 为软水；8～16°H 为中等硬水；16～30°H 为硬水。实验中所测定的水属于何种类型？

# 实验八　舰用锅炉水水质综合检测

## 一、实验目的

1. 了解给水、锅炉水碱值的测定原理和方法；

2. 了解舰用锅炉水中给水、锅炉水盐度的测定原理和方法。

## 二、实验原理

**1. 舰用锅炉水碱值**

碱值又称酚酞碱度。锅炉水产生的碱值，主要是水处理时加入了磷酸三钠，磷酸三钠中含有少量的氢氧化钠和碳酸钠、硅酸钠等杂质。另外，磷酸三钠可与水反应生成氢氧化钠，氢氧化钠遇到空气中的二氧化碳生成碳酸钠。碱值表示锅炉水中所含碳酸盐、磷酸盐及氢氧化物的含量，用 mg NaOH • $L^{-1}$ 表示。测量碱可用酸来中和，以酚酞为指示剂，水样由红色刚好变为无色时即为终点，停止滴定。

$$H^+ + OH^- \rightleftharpoons H_2O$$

$$H^+ + CO_3^{2-} \rightleftharpoons HCO_3^-$$

$$H^+ + SiO_3^{2-} \rightleftharpoons HSiO_3^-$$

$$H^+ + PO_4^{3-} \rightleftharpoons HPO_4^{2-}$$

用 0.0125mol·kg$^{-1}$ $H_2SO_4$标准溶液滴定水样，则碱值 $x$=10$V$（mg NaOH·L$^{-1}$），其中 $V$ 表示所消耗的酸的体积（mL）。

**2. 舰用锅炉水盐度**

盐度表示水中卤化物（全部用氯化物代替）的含量，用 mg NaCl·L$^{-1}$表示。

某舰中给水、锅炉水盐度的测定使用沉淀滴定法，用 0.0171mol·kg$^{-1}$硝酸银标准溶液作滴定剂，以铬酸钾 $K_2CrO_4$为指示剂。滴定过程中 $Cl^-$等卤素离子与 $Ag^+$反应生成 AgCl 白色沉淀。

$$Ag^+ + Cl^- = AgCl\downarrow \text{（白色）}$$

随着滴定进行，$Cl^-$逐渐减少，当 $Cl^-$浓度小于 $1\times10^{-5}$mol·L$^{-1}$时，$Cl^-$不再与滴入的 $Ag^+$生成沉淀，继续滴进的 $AgNO_3$与 $K_2CrO_4$作用：

$$CrO_4^{2-} + 2Ag^+ = Ag_2CrO_4\downarrow \text{（砖红色）}$$

沉淀出现砖红色（停止滴定）即为滴定终点。

在滴定过程中，应控制溶液的 pH 在 7.0～8.3，本方法适用于盐度范围在 5～170mg NaCl·L$^{-1}$的水样。

## 三、仪器和药品

**1. 碱值测定**

（1）实验仪器

酸式滴定管（10mL）、量筒（100mL）、锥形瓶、滴定台、滴定管夹、洗瓶。

（2）实验药品

硫酸 $H_2SO_4$（0.0125mol·kg$^{-1}$或滴定度 $T$=1mg NaOH·L$^{-1}$）、酚酞（1%）、锅炉水水样。

**2. 盐度测定**

（1）实验仪器

酸式棕色滴定管（10mL）、量筒（100mL）、锥形瓶、滴定台、滴定管夹、洗瓶。

（2）实验药品

硝酸银 $AgNO_3$（0.0171mol·kg$^{-1}$或滴定度 $T$=1mg NaCl·L$^{-1}$）、铬酸钾 $K_2CrO_4$（饱和溶液）、锅炉水水样。

## 四、实验内容

**1. 锅炉水碱值测定**

（1）用量筒量取水样 100mL 于锥形瓶中（若锅炉水浑浊应过滤）；

（2）在水样中加入酚酞指示剂 3 滴，摇匀；

（3）用已知浓度 $H_2SO_4$标准溶液滴定至水样由红色变为无色，此时即为终点，记下所消耗酸液的体积 $V$（mL）；

（4）平行滴定三次，取平均值，计算锅炉水的碱值。（注意：取出锅炉水后，必须马上滴定，否则水样吸收 $CO_2$，滴定结果出现误差。）

$$\text{碱值}=\frac{TV_{H_2SO_4}}{V_{\text{水样}}}=\frac{1\times V_{H_2SO_4}}{0.1}=10V_{H_2SO_4}\,(\text{mg NaOH}\cdot\text{L}^{-1})$$

### 2. 盐度测定

（1）将测过碱值的水样，加 3 滴 $K_2CrO_4$ 指示剂，水样呈黄色，即 $K_2CrO_4$ 本身的颜色，此时体系不发生反应；

（2）用已知浓度的 $AgNO_3$ 溶液滴定，至溶液中沉淀出现砖红色，停止滴定，记下消耗 $AgNO_3$ 溶液的体积（mL）。

（3）平行滴定三次。取平均值，计算锅炉水的盐度。

$$\text{盐度}=\frac{TV_{AgNO_3}}{V_{\text{水样}}}=\frac{1\times V_{AgNO_3}}{0.1}=10V_{AgNO_3}\,(\text{mg NaCl}\cdot\text{L}^{-1})$$

## 五、实验数据记录、处理及计算

### 1. 锅炉水碱值测定

锅炉水碱值测定的数据记录于表 3-8。

表 3-8　锅炉水碱值测定数据

| 项目 | 1 | 2 | 3 |
|---|---|---|---|
| 滴定前的读数 $V_1$ / mL | | | |
| 滴定后的读数 $V_2$ / mL | | | |
| 消耗标准溶液的体积 $V_{H_2SO_4}$ / mL | | | |

### 2. 盐度测定

盐度测定的数据记录于表 3-9。

表 3-9　盐度测定数据

| 项目 | 1 | 2 | 3 |
|---|---|---|---|
| 滴定前的读数 $V_1$ / mL | | | |
| 滴定后的读数 $V_2$ / mL | | | |
| 消耗标准溶液的体积 $V_{AgNO_3}$ / mL | | | |

## 六、思考题

1. 锅炉水碱值不能过大，为什么？
2. 测过碱值的水样，里面含有 $SO_4^{2-}$，对盐度的测定有无影响？为什么？

# 实验九　电极电势与氧化还原反应

## 一、实验目的

1. 了解原电池的装置及其作用原理；
2. 掌握用酸度计测定原电池电动势的方法；

3. 掌握测定电极电势的原理与方法；

4. 了解介质对氧化还原反应的影响；

5. 了解酸度和温度对氧化还原反应速率的影响。

## 二、实验原理

### 1. 原电池的装置及其作用原理

原电池是将自发氧化还原反应的化学能转化为电能的装置（图 3-6），它由两个电极（半电池）、外电路和盐桥组成。半电池是原电池的主体，每一个半电池都是由同一种元素不同氧化数的两种物质组成，即电极导体和电解质溶液。电极导体和电解质溶液就组成了电池（即半电池）。

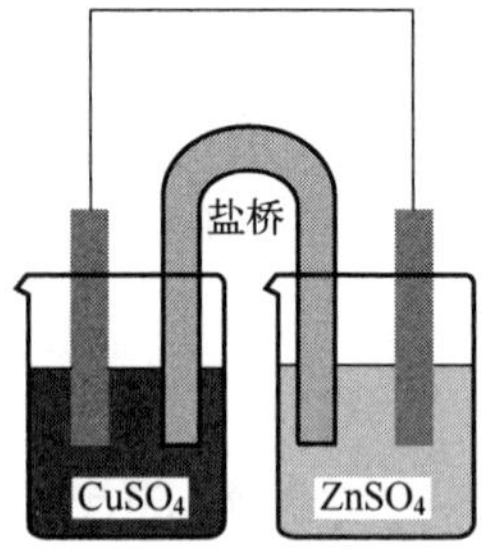


图 3-6　原电池装置图

连接两个半电池溶液的倒置 U 形管称为盐桥，管内充满了含电解质溶液（一般是 KCl）的琼胶，其作用一是连接外电路，形成闭合回路；二是消除液接电势（当组成或活度不同的两种电解质接触时，在溶液接界处由于正负离子扩散通过界面的离子迁移速度不同造成正负电荷分离而形成双电层，这样产生的电位差称为液体接界扩散电势能，简称液接电势），保持电中性。典型的原电池是丹尼尔电池。

原电池电动势的测定

### 2. 原电池电动势的测定

原电池的电动势等于正、负两极的电极电势之差：

$$E = E_{正} - E_{负} \tag{3-11}$$

原电池电动势不能用伏特计直接测量。因为用伏特计测量时，有电流通过测量电池，这样会给测量带来较大的误差，因此只有当被测电池的电路中几乎没有电流通过时，才能准确测量原电池的电动势。要做到这一点，通常是采用补偿法进行测量，也可以用电子管伏特计测量。本实验用数显酸度计的毫伏档（相当于电子管伏特计）测量原电池的电动势，其使用方法为：接通电源，将选择开关接到毫伏（mV）档，然后将待测原电池的正、负极接在酸度计的电极插座上，将两个电极分别插入指定溶液内，仪器即显示相应的电动势。

### 3. 测定电极电势的原理和方法

电极电势是由某电对以标准氢电极为基准而得出的相对平衡电势，若欲测量的是某一电对的电极电势，是将该电对组成的电极与标准氢电极构成一原电池，测量该原电池的电动势。

而标准氢电极的电极电势规定为零，因此根据测量得到的电动势和式（3-11），就可以求出该电对在相应条件下的电极电势。

在实际测量电极电势的工作中，由于标准氢电极控制的条件很严，使用不太方便，因此常用电势稳定的甘汞电极为参比电极，以代替标准氢电极（如图 3-7）。

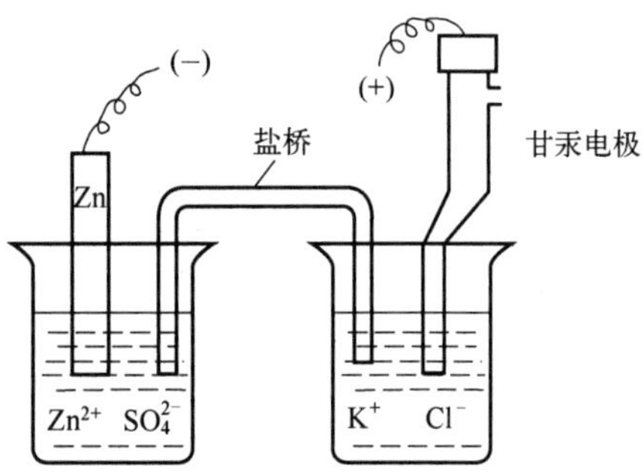


图 3-7　测定电极电势装置图

当 KCl 为饱和溶液，其电势值 $E(V)=0.2415+$

0.000 65($t$−25)。其中 $t$ 为温度（℃）。

**4. 介质对氧化还原反应的影响**

介质的酸碱性对含氧酸盐的氧化性影响很大。例如，高锰酸钾在酸性介质中被还原成肉色的 $Mn^{2+}$：

$$MnO_4^-(aq) + 8H^+(aq) + 5e^- \rightleftharpoons Mn^{2+}(aq) + 4H_2O \qquad E^\ominus = 1.491V$$

在中性或弱碱性的介质中被还原为褐色的 $MnO_2$ 沉淀：

$$MnO_4^-(aq) + 2H_2O(aq) + 3e^- \rightleftharpoons MnO_2(s) + 4OH^-(aq) \qquad E^\ominus = 0.588V$$

在强碱性介质中被还原为绿色的 $MnO_4^{2-}$：

$$MnO_4^-(aq) + e^- \rightleftharpoons MnO_4^{2-}(aq) \qquad E^\ominus = 0.564V$$

由此可以看出，高锰酸钾在不同的介质中还原产物有所不同，并且其氧化性随介质的酸性减小而减弱。

## 三、仪器和药品

**1. 实验仪器**

酸度计、试管、试管架、小烧杯、铜电极、锌电极、铁电极、石墨电极、饱和甘汞电极、盐桥、水浴锅、药匙、玻璃棒、滴管、砂纸等。

**2. 实验药品**

醋酸 HAc（1.0mol · $kg^{-1}$）、硫酸 $H_2SO_4$（1.0mol · $kg^{-1}$）、氢氧化钠 NaOH（1.0mol · $kg^{-1}$）、氯化钾 KCl（饱和溶液）、氨水 $NH_3 \cdot H_2O$（6.0mol · $kg^{-1}$）、亚硫酸钠 $Na_2SO_3$（固体，A.R.）、高锰酸钾 $KMnO_4$（0.01mol · $kg^{-1}$）、硫酸锌 $ZnSO_4$（0.1mol · $kg^{-1}$）、硫酸铜 $CuSO_4$（0.1mol · $kg^{-1}$）、硫酸亚铁 $FeSO_4$（固体）、碘化钾 KI（0.1mol · $kg^{-1}$）、碘酸钾 $KIO_3$（0.1mol · $kg^{-1}$）、草酸 $H_2C_2O_4$（0.1mol · $kg^{-1}$）等。

## 四、实验内容

**1. 电动势和电极电势的测量**

取两只小烧杯，一个烧杯中加入 4mL 饱和 KCl 溶液，并置入饱和甘汞电极，另一个烧杯中加入 4mL 0.1mol · $kg^{-1}$ $ZnSO_4$ 溶液，并置入锌电极，分别将饱和甘汞电极和锌电极与酸度计的正负极相连，用盐桥连通两个烧杯中的溶液，组成原电池，写出其电池符号，测量其电动势。并根据测得的电动势，计算锌电极在 0.1mol · $kg^{-1}$ $ZnSO_4$ 溶液中的电极电势，并利用能斯特方程推导出锌电极的标准电极电势。

**2. 浓度和酸度对电极电势的影响**

（1）浓度对电极电势的影响

在两只小烧杯中，分别加入 3mL 0.1mol · $kg^{-1}$ $ZnSO_4$ 和 3mL 0.1mol · $kg^{-1}$ $CuSO_4$ 溶液。在 $CuSO_4$ 溶液中置入铜电极，在 $ZnSO_4$ 溶液中置入锌电极，将铜电极和锌电极分

别与酸度计的正负极相连，用盐桥连通两个烧杯中的溶液，并测量其电动势。并与理论值进行比较。

取出盐桥，在 $CuSO_4$ 溶液中滴加氨水溶液并不断搅拌，至生成的沉淀完全溶解而形成深蓝色溶液，放入盐桥，测量电池的电动势。注：$Cu^{2+}$可与氨形成$[Cu(NH_3)_4]^{2+}$。

取出盐桥，在 $ZnSO_4$ 溶液中滴加氨水溶液并不断搅拌，至生成的沉淀完全溶解，放入盐桥，测量电池的电动势。注：$Zn^{2+}$可与氨形成［$Zn(NH_3)_4$］$^{2+}$。

比较并用能斯特方程解释上述实验结果。

（2）酸度对电极电势的影响

取两只 5mL 烧杯，在一只烧杯中加入一小粒的 $FeSO_4$ 固体，然后注入3mL去离子水，搅拌溶解后，插入铁电极，另一只烧杯中注入3mL 0.01mol · $kg^{-1}$ 的 $KMnO_4$ 溶液，插入碳棒。将铁电极和石墨电极通过导线分别与酸度计的负正极相连，用盐桥连通两个烧杯中的溶液，写出电池符号并测量电动势。

pH 对氧化还原反应的影响

往盛有 $KMnO_4$ 的溶液中，加入 1 滴 1.0mol • $kg^{-1}$ $H_2SO_4$ 溶液，观察电动势有何变化。再往盛有 $KMnO_4$ 的溶液中，加入 2～3 滴 1.0mol • $kg^{-1}$ NaOH 溶液，观察电动势的变化情况。

**3. 介质对氧化还原反应的影响**

（1）往 3 支试管中各加入 5 滴 0.01mol • $kg^{-1}$ $KMnO_4$ 溶液，然后往第 1 支试管中加入 2 滴 1.0mol • $kg^{-1}$ $H_2SO_4$ 使溶液酸化，第 2 支试管中加入 5 滴去离子水，第 3 支试管中加入 2 滴 1.0mol • $kg^{-1}$ NaOH 使溶液碱化，然后在三支试管中分别加入约 0.3g $Na_2SO_3$ 固体粉末，摇动溶解，观察各试管中的现象，写出有关的反应离子方程式。

（2）在试管中加入 15 滴 0.1mol • $kg^{-1}$ 的 KI 溶液和 2 滴 0.1mol • $kg^{-1}$ 的 $KIO_3$ 溶液，摇匀后，观察有无变化。再加入 1 滴 1.0mol • $kg^{-1}$ $H_2SO_4$ 溶液，观察现象变化情况并解释之。

**4. 酸度和温度对氧化还原反应速率的影响**

（1）酸度影响

在两支试管中各加入 3 滴 0.1mol • $kg^{-1}$ KI 溶液，往一支试管中加入约 3 滴 1.0mol • $kg^{-1}$ $H_2SO_4$，往另一支试管中加入 3 滴 1.0mol • $kg^{-1}$ HAc，然后再分别加入 1～3 滴 0.01mol • $kg^{-1}$ $KMnO_4$ 溶液，观察两支试管紫色褪去的快慢，解释原因并写出有关反应的离子方程式。

（2）温度影响

在两支试管中同时加入 10 滴 0.1mol • $kg^{-1}$ $H_2C_2O_4$、1 滴 1.0mol • $kg^{-1}$ $H_2SO_4$ 和 1 滴 0.1mol • $kg^{-1}$ $KMnO_4$ 溶液，摇匀，将其中一支试管放入 80℃水浴中加热，另一支不加热，观察两支试管褪色的快慢。解释原因并写出有关反应的离子方程式。

## 五、思考题

1. 如何用酸度计测量原电池的电动势？
2. 测量电池电动势时，如果正负极接反了，会出现什么现象？为什么？应如何处理？
3. $KMnO_4$ 在不同介质中的还原产物，氧化性有什么规律？
4. 通过本次实验，你能归纳出哪些因素影响电极电势？怎样影响？

# 实验十 过氧化氢含量的测定

## 一、实验目的

1. 了解用高锰酸钾测定过氧化氢含量的原理和方法；
2. 学会综合应用大学化学实验的称量、滴定等基本操作。

## 二、实验原理

过氧化氢是火箭燃料的强氧化剂，是军事上常用的爆炸物质之一。过氧化氢在室温条件下，在稀硫酸溶液中能定量还原高锰酸钾，因此可用高锰酸钾法测定它的含量。其反应式为：

$$5H_2O_2(l) + 2MnO_4^-(aq) + 6H^+(aq) = 2Mn^{2+}(aq) + 5O_2(g) + 8H_2O(l)$$

开始反应时速度慢，滴入第一滴溶液不容易褪色，待 $Mn^{2+}$生成之后，由于 $Mn^{2+}$的催化，加快了反应速率，故能一直顺利地滴定到终点。

$MnO_4^-$ 本身呈深紫色，在酸性溶液中，被还原为 $Mn^{2+}$（几乎无色），在滴定无色或浅色离子时，滴定过程中无须加指示剂，高锰酸钾自身作为指示剂，这是高锰酸钾滴定法的优点之一。

过氧化氢在反应过程中失去两个电子被氧化为 $O_2$，半反应式为：

$$H_2O_2(l) = 2H^+(aq) + O_2(g) + 2e^-$$

根据 $KMnO_4$ 溶液的物质的量浓度和滴定消耗的体积，即可计算溶液中 $H_2O_2$ 的含量。其计算方法如下所示。

$$H_2O_2\text{的含量} = \frac{5M(H_2O_2)c(KMnO_4)V(KMnO_4)}{2m(H_2O_2)\times 1000}\times 100\%$$

式中，$c(KMnO_4)$为 $KMnO_4$ 标准溶液的浓度，$mol \cdot kg^{-1}$；$V(KMnO_4)$为 $KMnO_4$ 标准溶液的体积，mL；$m(H_2O_2)$为试样 $H_2O_2$ 的质量❶，g；$M(H_2O_2)$为 $H_2O_2$ 在滴定反应中的摩尔质量，$34.02g \cdot mol^{-1}$。

## 三、仪器和药品

### 1. 实验仪器

酸式滴定管（棕色，50mL）、移液管（25mL）、量筒（100mL）、锥形瓶、滴定台、滴

---

❶ 纯的 $H_2O_2$ 是无色的液体，在 20℃时，密度为 $1.438g \cdot mL^{-1}$。一般市售的商品为 3%～30%水溶液。化验时，一般采用 3%～5%的 $H_2O_2$ 试液，此时试液的密度约等于 1。试样必须用化学纯以上的 $H_2O_2$，不能用工业品，因为工业品中常加有少量乙酰苯胺等有机物作稳定剂，含有稳定剂的试样用 $KMnO_4$ 法测定时将产生极大误差。遇此情况，应采用铈量法或碘量法进行测定。

定管夹、洗耳球。

**2. 实验药品**

高锰酸钾 $KMnO_4$（0.0200mol·kg$^{-1}$）、硫酸 $H_2SO_4$（3mol·kg$^{-1}$）、过氧化氢 $H_2O_2$ 试液（3%～5%）、去离子水。

## 四、实验内容

**1. $KMnO_4$标准溶液的配制与标定（可由实验室标好供给）**

（1）$KMnO_4$ 溶液的配制（0.02mol·kg$^{-1}$）

称取约 1.6g $KMnO_4$，放入 1L 烧杯中，加入 500mL 水溶解，盖上表面皿，加热至沸并保持微沸状态 1h，冷却后，用微孔玻璃漏斗过滤，滤液贮存于清洁带塞的棕色瓶中。最好将溶液于室温下静置 2～3d 后过滤备用。❶

（2）$KMnO_4$ 溶液的标定

标定 $KMnO_4$ 溶液的基准物质有 $Na_2C_2O_4$、$H_2C_2O_4 \cdot 2H_2O$、$(NH_4)_2Fe(SO_4)_2 \cdot 6H_2O$ 等，其中 $Na_2C_2O_4$ 较常用。

在 $H_2SO_4$ 溶液中，$KMnO_4$ 和 $Na_2C_2O_4$ 的反应式如下：

$$2MnO_4^- + 5C_2O_4^{2-} + 16H^+ = 10CO_2 + 2Mn^{2+} + 8H_2O$$

标定步骤：准确称取 0.15～0.20g 基准物 $Na_2C_2O_4$ 三份，分别置于 250mL 锥形瓶中，加 60mL 水使之溶解。加入 15mL（体积比 1∶5 的水∶浓硫酸）$H_2SO_4$ 溶液，加热到 75～85℃❷，趁热用 $KMnO_4$ 滴定。开始滴定时反应速率很慢，待溶液中产生了 $Mn^{2+}$之后，由于 $Mn^{2+}$的催化作用❸，使反应速率加快。如此小心滴定溶液至微红色在 1min 内不消失即为终点❹。终点时溶液的温度应在 60℃以上。

根据每份滴定中 $Na_2C_2O_4$ 的质量和消耗的 $KMnO_4$ 溶液的体积，计算 $KMnO_4$ 溶液的物质的量浓度，平均相对偏差应不大于 0.2%，否则需重做。

**2. $H_2O_2$含量的测定**

用移液管移取 25.00mL$H_2O_2$ 试液置于 250mL 锥形瓶中，加 60mL 去离子水、30mL 3mol·kg$^{-1}$ $H_2SO_4$。用 0.02mol·kg$^{-1}$ $KMnO_4$ 标准溶液滴定至微红色在 1min 内不消失即为终点。

平行测定三次。三份测定的平均偏差应小于 0.5%，否则应继续重复测定。

根据 $KMnO_4$ 标准溶液的浓度和滴定过程中消耗的体积，计算试样中 $H_2O_2$ 的含量。

## 五、思考题

1. 用 $KMnO_4$ 法测定 $H_2O_2$ 时，能否用 $HNO_3$ 或 HCl 控制溶液酸度？为什么？

---

❶ 去离子水中常含有少量的还原性物质，使 $KMnO_4$ 还原为 $MnO_2 \cdot nH_2O$。细粉状的 $MnO_2 \cdot nH_2O$ 能加速 $KMnO_4$ 的分解，故通常将 $KMnO_4$ 溶液煮沸一段时间，冷却后，滤去 $MnO_2 \cdot nH_2O$ 沉淀。

❷ 在室温下，$KMnO_4$ 与 $C_2O_4^{2-}$ 之间反应速率缓慢，须将溶液加热，但温度不能太高，否则有部分 $H_2C_2O_4$ 分解：$H_2C_2O_4 = CO_2\uparrow + CO\uparrow + H_2O$。

❸ $MnO_4^-$与 $C_2O_4^{2-}$的反应速率较慢，但反应生成少量 $Mn^{2+}$之后，由于 $Mn^{2+}$的催化作用，加快了反应速率。

❹ 滴定速度不能太快，否则在高温时 $KMnO_4$ 分解，引起误差。

2. 配制 $KMnO_4$ 标准溶液时，为什么需用煮沸 1h 后并冷却了的去离子水？

3. 已标定的 $KMnO_4$ 溶液放置一段时间后，为什么要重新标定其浓度？

# 实验十一　舰艇润滑油运动黏度的测定

## 一、实验目的

1. 了解油品的流动特性、黏度的意义、黏度的表示和测定方法；
2. 学会用毛细管黏度计测定油品运动黏度、原理、操作规程。

## 二、实验原理

黏度是石油产品中主要使用的指标之一，特别是对各种润滑油的分类分级、质量鉴别和确定用途等有决定性的意义，润滑油的牌号大部分是以产品标准中运动黏度的平均值来划分的。在石油流动及输送过程中，黏度对流体流态、压力降等起重要作用，因此黏度是计算、设计过程中不可缺少的物理常数。

本实验根据《石油产品运动粘度[1]测定法和动力粘度计算法》（GB/T 265—1988）中的试验标准来测定润滑油的运动黏度。该方法适用于测定液体石油产品的运动黏度，其单位为 $m^2 \cdot s^{-1}$，通常在实际中使用 $mm^2 \cdot s^{-1}$。

在某一恒定温度下，测定一定体积的液体在重力下流过一个标定好的玻璃毛细管黏度计的时间，黏度计的毛细管常数与流动时间的乘积，即为该温度下液体的运动黏度，用符号 $v$ 表示。

在温度一定时，试样的运动黏度 $v_t$（$mm^2 \cdot s^{-2}$）按下式计算：

$$v_t = ct \tag{3-12}$$

式中，$c$ 为黏度计常数，$mm^2 \cdot s^{-2}$；$t$ 为流动时间，s。测定过程中只需测定待测油品在该实验条件下流经毛细管黏度计的时间，根据式（3-12）即可计算出来待测油品的运动黏度。

## 三、仪器和药品

### 1. 实验仪器

毛细管黏度计（图 3-8）、石油产品运动黏度测定器、洗耳球、橡胶管、滤纸条、吹风机。

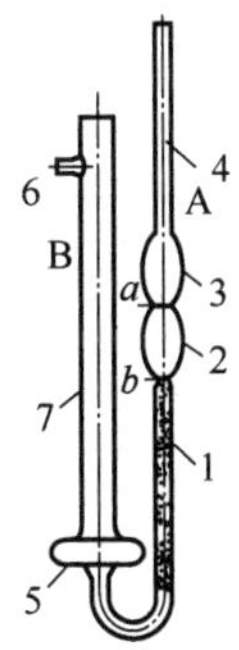


图 3-8　毛细管黏度计

1—毛细管；2、3、4—扩张部分；4、5、7—管身；6—支管；$a$、$b$—标线

注：毛细管内径分别为 0.4mm、0.6mm、0.8mm、1.0mm、1.2mm、1.5mm、2.0mm、2.5mm、3.0mm、3.5mm、4.0mm、5.0mm 和 6.0mm。测定试样的运动黏度时，应根据试验的温度及试样的黏度选用适当的黏度计，一般选用的原则是使试样流经毛细管的时间不少于 200s，内径

[1] “粘度”现多用“黏度”。

0.4mm 的黏度计流动时间不少于 350s。

**2. 实验试剂**

润滑油、洗涤剂。

## 四、实验内容

（1）熟悉装置，了解测量方法、原理和实验过程，掌握实验操作要点。

（2）往黏度计中装入油品试样。装油品前，将橡胶管接入黏度计 B 端支口，一只手先按紧连接橡胶管的洗耳球，另一只手大拇指按住黏度计的 B 端端口并倒转黏度计，将 A 端浸入油品试样中。缓慢松开洗耳球，使试样自 A 端进入黏度计，到标线 $b$ 为止（吸油应缓慢而均匀，不要使液体产生气泡）。提起黏度计，迅速倒转使其恢复到正常状态，同时用滤纸将管身 A 的管端外壁所沾着的油擦去。（注意：黏度计极易在底部弯曲处折断，所以在拿黏度计时，只许拿住 B 端，绝不允许同时拿住 A、B 端。）

（3）将黏度计固定在石油产品运动黏度测定器支架上。固定时水位必须把黏度计的扩张部分 3 浸入一半，同时，黏度计应与水平面垂直。

（4）黏度计在 40℃恒温浴内恒温 15min 后，将试样放入或吸入扩张部分 2，使液面稍高于标线 $a$，然后让试样自由向下流动，仔细观察。当液面正好达到标线 $a$ 时，启动秒表，等液面正好达到标线 $b$ 时，停止秒表。（注意：鼓气或吸气时，要慢，小心勿使试样从仪器顶部流出或产生气泡。）

（5）记录所需时间，测定三次，取平均值。

（6）计算试样在实验温度下的运动黏度。

（7）同法测试 50℃时的流动时间，计算运动黏度。

（8）结束实验，仪器复位（登记使用情况）。

## 五、实验数据记录与处理

**1. 原始数据记录表**

实验数据记录于表 3-10。

**表 3-10 运动黏度实验数据**

<table>
<tr><td colspan="2">运动黏度测试仪编号</td><td colspan="2"></td></tr>
<tr><td colspan="2">试样名称</td><td colspan="2"></td></tr>
<tr><td colspan="2">试验温度/℃</td><td></td><td></td></tr>
<tr><td rowspan="3">毛细管黏度计</td><td>规格</td><td></td><td></td></tr>
<tr><td>编号</td><td></td><td></td></tr>
<tr><td>黏度计常数</td><td></td><td></td></tr>
<tr><td rowspan="3">流动时间/s</td><td>第一次</td><td></td><td></td></tr>
<tr><td>第二次</td><td></td><td></td></tr>
<tr><td>第三次</td><td></td><td></td></tr>
</table>

**2. 数据计算及结果处理**

写出平均流动时间及运动黏度的详细计算过程，以及计算结果的处理。

## 六、思考题

1. 毛细管黏度计选择的原则是什么？为什么？
2. 正确测定黏度的关键是什么？为什么？
3. 试述石油产品运动黏度的测定原理。

# 实验十二 电解和配合物

## 一、实验目的

1. 了解电解的装置、原理及两极反应的规律；
2. 了解几种不同类型的配离子的形成和特性。

## 二、实验原理

**1. 电解**

电流通过电解质溶液（或熔融液）而引起氧化还原反应的过程叫作电解。电解水溶液时，溶液中除电解质本身的正负离子外还有水解离出来的 $H^+$和 $OH^-$，它们也可以参加两极反应。在两极上析出的产物除取决于物质的电极电势外，还与电极材料、超电势等因素有关。

**2. 配合物及其性质**

由一个简单的正离子和几个中性分子或其他离子结合而形成的复杂离子叫作配离子。带有正电荷的配离子叫作正配离子，带有负电荷的配离子叫作负配离子，含有配离子的化合物叫作配合物。

配离子在溶液中也能或多或少地解离成简单离子或分子。例如，$[Cu(NH_3)_4]^{2+}$在溶液中存在下列解离平衡：

$$[Cu(NH_3)_4]^{2+}(aq) \rightleftharpoons Cu^{2+}(aq) + 4NH_3(qq)$$

其平衡常数如下式所示：

$$K^{\ominus}_{不稳} = \frac{[c^{eq}(Cu^{2+})/c^{\ominus}]\{[c^{eq}(NH_3)]^4 / c^{\ominus}\}}{c^{eq}[Cu(NH_3)_4^{2+}] / c^{\ominus}}$$

此平衡常数叫作不稳定常数 $K^{\ominus}_{不稳}$，表示该配离子解离成简单离子的趋势的大小，也就是该配离子的不稳定程度。

配离子不稳定常数的倒数是稳定常数 $K^{\ominus}_{稳}$，表示该配离子的稳定程度。常见配离子的稳定常数见表 3-11。

$K^{\ominus}_{稳}$越大，表示配合物越稳定，加入不同的配位剂，配合物会向生成更稳定的物质转化。如往$[Fe(SCN)]^{2+}$溶液中加入$F^-$，反应向着生成$K^{\ominus}_{稳}$更大的$[FeF_6]^{3-}$方向进行。

**表 3-11 配离子的稳定常数**

| 配离子 | $K^{\ominus}_{稳}$ | $\lg K^{\ominus}$① | 配离子 | $K^{\ominus}_{稳}$ | $\lg K^{\ominus}$① |
|---|---|---|---|---|---|
| $[Ag(CN)_2]^-$ | $1.26\times10^{21}$ | 21.10 | $[Cu(P_2O_7)_2]^{6-}$ | $1.00\times10^{9}$ | 9.00 |
| $[Ag(NH_3)_2]^+$ | $1.12\times10^{7}$ | 7.05 | $[FeF_6]^{3-}$ | $2.04\times10^{14}$ | 14.31 |
| $[Ag(S_2O_3)_2]^{3-}$ | $2.89\times10^{13}$ | 13.46 | $[Fe(CN)_6]^{3-}$ | $1.00\times10^{42}$ | 42.00 |
| $[Ag(SCN)_2]^-$ | $4.00\times10^{8}$ | 8.60 | $[Fe(SCN)_6]^{3-}$ | $3.20\times10^{3}$ | 3.50 |
| $[AgCl_2]^-$ | $1.10\times10^{5}$ | 5.04 | $[Hg(CN)_4]^{2-}$ | $2.51\times10^{41}$ | 41.40 |
| $[AgBr_2]^-$ | $2.14\times10^{7}$ | 7.33 | $[HgI_4]^{2-}$ | $6.76\times10^{29}$ | 29.83 |
| $[AgI_2]^-$ | $5.50\times10^{11}$ | 11.74 | $[HgBr_4]^{2-}$ | $1.00\times10^{21}$ | 21.00 |
| $[Ag(py)_2]^{2+}$ | $1.00\times10^{10}$ | 10.00 | $[HgCl_4]^{2-}$ | $1.17\times10^{15}$ | 15.07 |
| $[Co(NH_3)_6]^{2+}$ | $1.29\times10^{5}$ | 5.11 | $[Ni(NH_3)_6]^{3+}$ | $5.50\times10^{8}$ | 8.74 |
| $[Cu(CN)_2]^-$ | $1.00\times10^{29}$ | 24.00 | $[Ni(en)_3]^{2+}$ | $2.14\times10^{18}$ | 18.33 |
| $[Cu(SCN)_2]^-$ | $1.52\times10^{5}$ | 5.18 | $[Zn(CN)_4]^{2-}$ | $5.00\times10^{16}$ | 16.70 |
| $[Cu(NH_3)_2]^+$ | $7.24\times10^{10}$ | 10.86 | $[Zn(NH_3)_4]^{2+}$ | $2.87\times10^{9}$ | 9.46 |
| $[Cu(NH_3)_4]^{2+}$ | $2.09\times10^{13}$ | 13.32 | $[Zn(en)_2]^{2+}$ | $6.76\times10^{10}$ | 10.83 |

注：① 数据录自 J A Dean 的 *Lange's Handbook of Chemistry*。测定时温度一般为 20～25℃，$K^{\ominus}_{稳}$值由$\lg K^{\ominus}_{稳}$值换算而来。

## 三、仪器和药品

### 1. 实验仪器

试管、试管架、小滴管、导线、洗瓶、铁架台、铁夹、U 形管、碳棒电极、直流电源。

### 2. 实验药品

氯化钠 NaCl（饱和溶液）、酚酞（1%）、甲基橙（0.1%）、淀粉-碘化钾试纸、硫酸铜 $CuSO_4$ 电解液❶、硫酸钠 $Na_2SO_4$（饱和溶液）、硫酸 $H_2SO_4$（$3mol\cdot kg^{-1}$）、氢氧化钠 NaOH（$0.1mol\cdot kg^{-1}$）、氨水 $NH_3\cdot H_2O$（$6mol\cdot kg^{-1}$）、硫氰酸钾 KSCN（$0.1mol\cdot kg^{-1}$）、碘化钾 KI（$0.1mol\cdot kg^{-1}$）、氟化钠 NaF（$0.1mol\cdot kg^{-1}$）、硫代硫酸钠 $Na_2S_2O_3$（$1mol\cdot kg^{-1}$）、亚硫酸钠 $Na_2SO_3$（$0.1mol\cdot kg^{-1}$）、氯化钠 NaCl（$0.1mol\cdot kg^{-1}$）、碳酸钠 $Na_2CO_3$（$0.1mol\cdot kg^{-1}$）、硫化钠 $Na_2S$（$0.1mol\cdot kg^{-1}$）、氯化铁 $FeCl_3$（$0.1mol\cdot kg^{-1}$）、硫酸铜 $CuSO_4$（$0.5mol\cdot kg^{-1}$）、氯化汞 $HgCl_2$（$0.1mol\cdot kg^{-1}$）、硝酸银 $AgNO_3$（$0.1mol\cdot kg^{-1}$）、去离子水。

❶ 电解液是由 150g 硫酸铜溶于含有 50g 硫酸（密度 $1.84g\cdot cm^{-3}$）及 50mL 乙醇的 1L 水溶液中配制而成的。

## 四、实验内容

### 1. 电解

（1）电解饱和 NaCl 溶液

在 U 形管内注入饱和 NaCl 溶液，同时往 U 形管两端各滴入 1 滴酚酞溶液，将碳棒电极插入 U 形管中，接通直流电源（6V）（如图 3-9 所示）。通电 2～3min 后，两极都有气泡产生，用湿润的淀粉-碘化钾试纸检验阳极管口析出的气体，同时观察阴极附近溶液颜色的变化，解释上述现象。

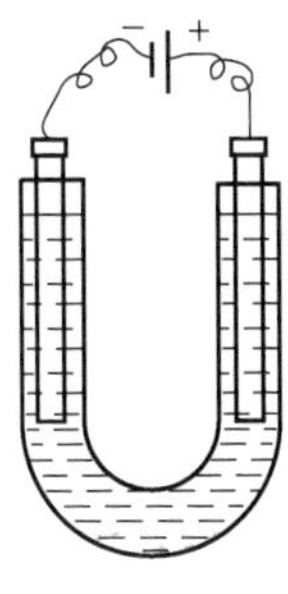

图 3-9　电解实验装置

（2）电解饱和 $Na_2SO_4$ 溶液

按图 3-9 所示装置，将 $Na_2SO_4$ 溶液注入 U 形管，在 U 形管一端滴入 1～2 滴酚酞溶液，插入碳棒电极，并使其与电源的负极相连。另一端滴入 1～2 滴甲基橙溶液，插入碳棒电极，并使其与电源正极相连。接通直流电源，通电 2～3min 后，观察 $Na_2SO_4$ 溶液的两极周围颜色的变化及两极气体的逸出（各是什么气体？）。解释上述现象。

（3）电解 $CuSO_4$ 溶液

按图 3-9 所示装置，将 $CuSO_4$ 电解液注入 U 形管，在 U 形管一端插入碳棒电极，并使其与电源的负极相连。另一端滴入 1～2 滴甲基橙溶液，插入碳棒电极，并使其与电源正极相连。接通直流电源，通电 2～3min 后，观察 $CuSO_4$ 溶液的阳极周围颜色的变化及阴极碳棒上的变化，解释上述现象。

### 2. 配合物及其性质

沉淀的生成与溶解

（1）含正配离子的配合物的性质

① 往试管中加入约 2mL 0.5mol · $kg^{-1}$ 的 $CuSO_4$ 溶液，逐滴加入 6mol · $kg^{-1}$ 氨水溶液，观察生成沉淀的颜色。继续滴加氨水，直到最初生成的沉淀溶解为止。然后将所得的$[Cu(NH_3)_4]SO_4$溶液分装在 3 支试管中，往第 1 支试管中滴入 1 滴 0.1mol · $kg^{-1}$ $Na_2S$ 溶液，第 2 支试管中滴 1～2 滴 0.1mol · $kg^{-1}$ NaOH 溶液，第 3 支试管中，逐滴加入 3mol · $kg^{-1}$ $H_2SO_4$ 溶液。观察现象并简单解释原因。

② 取一支试管向其中加入 5 滴 0.1mol · $kg^{-1}$ $AgNO_3$ 溶液，再加入 1 滴 0.1mol · $kg^{-1}$ NaCl 溶液，观察有何沉淀生成。待沉淀生成后，一边滴加 6mol · $kg^{-1}$ 氨水，一边摇动试管，至沉淀刚溶解，这是什么原因？生成了什么物质？最后在试管中再滴加 2～3 滴 0.1mol · $kg^{-1}$ $Na_2S$ 溶液，有何现象？它说明什么问题？

（2）含负配离子的配合物的性质

① 往一支试管中加入约 3 滴 0.1mol · $kg^{-1}$ $HgCl_2$ 溶液（有毒!），逐滴加入 0.1mol · $kg^{-1}$ KI 溶液，注意观察有何颜色物质生成，继续滴加 KI 溶液又有何现象，写出离子方程式。

② 往 1 支试管中加入 5 滴 0.1mol · $kg^{-1}$ $AgNO_3$ 溶液，再滴加 0.1mol · $kg^{-1}$ $Na_2CO_3$ 溶液至生成沉淀（有何颜色？），然后边摇动边滴加 1 mol · $kg^{-1}$ $Na_2S_2O_3$ 溶液，观察有何现象？生成什么物质？写出离子方程式。

（3）配离子的形成与转化

往 1 支试管中加入 1 滴 0.1mol • kg$^{-1}$ $FeCl_3$ 溶液，加水稀释至无色，加入 1 滴 0.1mol • kg$^{-1}$ KSCN 溶液，再逐滴加入 0.1mol • kg$^{-1}$ NaF 溶液。观察现象并简单解释原因。

## 五、思考题

1. 什么叫电解作用？和电源正极、负极相连的极分别是什么极？在两极上各进行何种类型的反应？

2. 用碳棒作电极分别电解 NaCl、$Na_2SO_4$ 水溶液，两极产物各是什么？若改用铜棒作电极，两极产物又各是什么？

# 实验十三　电解质溶液

## 一、实验目的

1. 掌握弱电解质的解离平衡及其移动；
2. 了解缓冲溶液的配制及其性质；
3. 了解难溶电解质的多相离子平衡及溶度积规则；
4. 学习离心分离和 pH 试纸的使用等基本操作。

## 二、实验原理

**1. 弱电解质在溶液中的解离平衡及其移动**

若 AB 为弱酸或弱碱，则在水溶液中存在下列解离平衡：

$$AB(aq) \rightleftharpoons A^+(aq) + B^-(aq)$$

达到平衡时，未解离的 AB 浓度和已解离成离子的浓度的关系为：

$$\frac{[c(A^+)/c^\ominus][c(B^-)/c^\ominus]}{c(AB)/c^\ominus} = K_i \text{（解离常数）}$$

在此平衡体系中，若加入含有相同离子的强电解质，即增加 $A^+$或 $B^-$的浓度，则平衡向生成 AB 的方向移动，使弱电解质 AB 的解离度降低，这种效应叫作同离子效应。

**2. 缓冲溶液**

弱酸及其盐（例如 HAc 和 NaAc）或弱碱及其盐（例如氨水和 $NH_4Cl$）的混合溶液，能在一定程度上对外来的酸或碱起缓冲作用，即当另外加入少量酸、碱或稀释时，此混合溶液的 pH 变化不大，这种溶液叫作缓冲溶液。

**3. 难溶电解质的多相离子平衡、溶度积规则**

在难溶电解质的饱和溶液中，未溶解的固体和溶解后形成的离子间存在多相离子平衡。例如，在含有过量 $PbI_2$ 的饱和溶液中，存在下列平衡：

$$PbI_2(s) \rightleftharpoons Pb^{2+}(aq) + 2I^-(aq)$$

其溶度积常数为：

$$K_{sp}^{\ominus}(PbI_2)=\frac{c(Pb^{2+})}{c^{\ominus}}\times\frac{c^2(I^-)}{(c^{\ominus})^2}$$

$K_{sp}^{\ominus}$ 表示在难溶电解质的饱和溶液中难溶电解质离子浓度（以其系数为指数）的乘积，叫作溶度积。$K_{sp}^{\ominus}(PbI_2)$ 表示二碘化铅的溶度积。

根据溶度积规则可以判断沉淀的生成和溶解，例如：

$c(Pb^{2+})c^2(I^-) > K_{sp}^{\ominus}(PbI_2)$，有沉淀析出或溶液过饱和；

$c(Pb^{2+})c^2(I^-) = K_{sp}^{\ominus}(PbI_2)$，溶液正好饱和；

$c(Pb^{2+})c^2(I^-) < K_{sp}^{\ominus}(PbI_2)$，溶液未饱和，无沉淀析出。

如果设法降低含有难溶电解质沉淀的饱和溶液中某一离子的浓度，使离子浓度乘积小于其溶度积，则沉淀就溶解。

如果溶液中含有两种或两种以上的离子都能与加入的某种试剂（沉淀剂）反应生成难溶电解质时，沉淀的先后次序取决于所需沉淀剂离子浓度的大小。需要沉淀剂离子浓度较小的先沉淀，需要沉淀剂离子浓度较大的后沉淀。这种先后沉淀的现象叫作分步沉淀。例如，往含有 $Cu^{2+}$和 $Cd^{2+}$的混合溶液中（若 $Cu^{2+}$、$Cd^{2+}$浓度相差不太大）加入少量沉淀剂 $Na_2S$，由于 $K_{sp}^{\ominus}(CuS)=8.5\times10^{-45}(18℃) \ll K_{sp}^{\ominus}(CuS)=3.6\times10^{-29}(18℃)$，$Cu^{2+}$与 $S^{2-}$的浓度乘积将先达到 CuS 溶度积，黑色 CuS 先沉淀析出，继续加入 $Na_2S$，等到 $c(Cd^{2+})c(S^{2-}) > K_{sp}^{\ominus}(CdS)$ 时，黄色 CdS 才沉淀析出。

使一种难溶电解质转化为另一种难溶电解质，即把一种沉淀转换为另一种沉淀的过程，叫作沉淀的转化。一般来说，溶度积较大的难溶电解质容易转化为溶度积较小的难溶电解质。

## 三、仪器和药品

### 1. 实验仪器

试管、试管架、试管夹、药匙、玻璃棒、离心机、酒精灯、洗瓶、铁架、铁圈、点滴板、离心试管、石棉网、量筒（10mL）、烧杯（25mL）。

### 2. 实验药品

醋酸 HAc（$0.1mol\cdot kg^{-1}$、$1mol\cdot kg^{-1}$）、盐酸 HCl（$0.1mol\cdot kg^{-1}$）、氢硫酸 $H_2S$（饱和溶液）、氨水 $NH_3\cdot H_2O$（$0.1mol\cdot kg^{-1}$、浓）、氢氧化钠 NaOH（$0.1mol\cdot kg^{-1}$）、硝酸银 $AgNO_3$（$0.1mol\cdot kg^{-1}$）、硝酸铅 $Pb(NO_3)_2$（$0.1mol\cdot kg^{-1}$）、氯化镉 $CdCl_2$（$0.1mol\cdot kg^{-1}$）、硫酸铜 $CuSO_4$（$0.1mol\cdot kg^{-1}$）、铬酸钾 $K_2CrO_4$（$0.1mol\cdot kg^{-1}$）、碘化钾 KI（$0.1mol\cdot kg^{-1}$）、氯化镁 $MgCl_2$（$0.1mol\cdot kg^{-1}$）、醋酸铵 $NH_4Ac$（固体、A.R.）、氯化铵 $NH_4Cl$（固体、A.R.）、醋酸钠 NaAc（$1mol\cdot kg^{-1}$）、氯化钠 NaCl（$0.1mol\cdot kg^{-1}$、$1mol\cdot kg^{-1}$）、硫化钠 $Na_2S$（$0.1mol\cdot kg^{-1}$）、锌粒、甲基橙（0.1%）、酚酞（1%）、pH 试纸。

## 四、实验内容

### 1. 强弱电解质溶液的比较

用 pH 试纸测定 $0.1mol\cdot kg^{-1}$ HCl 和 $0.1mol\cdot kg^{-1}$ HAc 溶液的 pH，并与计算值比较。

然后往 1 支试管中加入 2mL 0.1mol • $kg^{-1}$ HCl，另 1 支试管中加入 2mL 0.1mol • $kg^{-1}$ HAc 溶液，再各加入一小颗锌粒并加热试管，观察哪支试管中产生氢气的反应更剧烈。

**2. 弱电解质溶液中的解离平衡及其移动**

（1）往试管中加入约 2mL 0.1mol • $kg^{-1}$ 氨水溶液，再滴入 1 滴酚酞溶液，观察溶液显什么颜色。然后将此溶液分盛于 2 支试管中，往 1 支试管中加入一小勺醋酸铵 $NH_4Ac$ 固体，摇荡使之溶解，观察溶液的颜色，并与另 1 支试管中的溶液相比较。根据以上实验指出同离子效应对解离度的影响。

（2）取 2 支试管，各加入 1～2mL $H_2S$ 饱和溶液及 1 滴甲基橙溶液，观察溶液显何色。（为什么？）往其中 1 支试管中，滴入数滴 0.1mol • $kg^{-1}$ $AgNO_3$ 溶液，并与另 1 支试管中的溶液相比较，观察黑色沉淀的生成和溶液颜色的变化。写出有关反应式并说明原因。

**3. 缓冲溶液的配制和性质**

（1）往 2 支试管中各加入 3mL 去离子水，用 pH 试纸测定其 pH，再分别加入 1 滴 0.1mol • $kg^{-1}$ HCl 或 0.1mol • $kg^{-1}$ NaOH 溶液，测定它们的 pH。

（2）往 1 只小烧杯中，加入 1mol • $kg^{-1}$ HAc 和 1mol • $kg^{-1}$ NaAc 溶液各 5mL（用量筒尽可能准确量取），用玻璃棒搅匀，配制成 HAc-NaAc 缓冲溶液。用 pH 试纸测定该溶液的 pH，并与计算值比较。

取 3 支试管，各加入此缓冲溶液 3mL，然后分别各加入 1 滴 0.1mol • $kg^{-1}$ HCl、0.1mol • $kg^{-1}$ NaOH 及去离子水，再用 pH 试纸分别测定它们的 pH；与原来缓冲溶液的 pH 比较，pH 有无变化？比较（1）、（2）的实验情况，并总结缓冲溶液的特性。

**4. 沉淀的生成和分步沉淀**

（1）往试管中加入 2 滴 0.1mol • $kg^{-1}$ $AgNO_3$ 溶液，再逐滴加入 5 滴 0.1mol • $kg^{-1}$ $K_2CrO_4$ 溶液，观察沉淀的生成和颜色。

同上操作，用 0.1mol • $kg^{-1}$ NaCl 溶液代替 0.1mol • $kg^{-1}$ $K_2CrO_4$ 溶液，观察实验现象。

（2）往离心试管中加入 6 滴 0.1mol • $kg^{-1}$ NaCl 溶液和 2 滴 0.1mol • $kg^{-1}$ $K_2CrO_4$ 溶液，稀释至 2mL，摇匀并逐滴加入 6～8 滴 0.1mol • $kg^{-1}$ $AgNO_3$ 溶液（边滴边摇）后，离心沉降。观察生成的沉淀的颜色（注意沉淀和溶液颜色的差别）。再往清液中滴加数滴 0.1mol • $kg^{-1}$ $AgNO_3$ 溶液，会出现什么颜色的沉淀。根据沉淀颜色的变化（并通过有关溶度积的计算），判断哪一种难溶物先沉淀。

（3）取 1 支离心试管，加入 3 滴 0.1mol • $kg^{-1}$ $CuSO_4$ 溶液和 6 滴 0.1mol • $kg^{-1}$ $CdCl_2$ 溶液，稀释至 2mL，摇匀后逐滴加入数滴 0.1mol • $kg^{-1}$ $Na_2S$ 溶液，观察先生成的沉淀是黄色还是黑色？离心沉降后，再往清液中滴加数滴 0.1mol • $kg^{-1}$ $Na_2S$ 溶液，观察出现什么颜色的沉淀，试根据有关溶度积数据进行理解。

**5. 沉淀的溶解和转化**

（1）往试管中加入 2mL 0.1mol • $kg^{-1}$ $MgCl_2$ 溶液，并滴入数滴浓氨水溶液，观察沉淀的生成。再向此溶液中加入少量 $NH_4Cl$ 固体，摇荡，观察原有沉淀是否溶解，用离子平衡移动的观点解释上述现象。

（2）取 1 支离心试管，加入 0.1mol • $kg^{-1}$ $Pb(NO_3)_2$ 和 1mol • $kg^{-1}$ NaCl 溶液各 10 滴。离心分离，弃去清液，往沉淀中滴加 0.1mol • $kg^{-1}$ KI 溶液并剧烈搅拌，观察沉淀颜色的变化。说明原因并写出有关反应方程式。

## 五、思考题

1. 同离子效应对弱电解质的解离度及难溶电解质的溶解度各有什么影响？
2. 如何配制缓冲溶液，并试验其缓冲性质？
3. 如何进行沉淀和溶液的分离？在离心分离操作中有哪些应注意之处？

# 实验十四　高分子化合物

## 一、实验目的

1. 通过有机玻璃的合成了解低分子化合物聚合形成高分子化合物的过程；
2. 了解几种典型高分子化合物的性质。

## 二、实验原理

**1. 加聚反应**

由一种或多种单体通过加成反应，相互结合成为高分子化合物的反应叫作加聚反应。例如，甲基丙烯酸甲酯单体在过氧化二苯甲酰引发剂作用下，发生游离基加聚反应，生成聚甲基丙烯酸甲酯（俗名有机玻璃）。

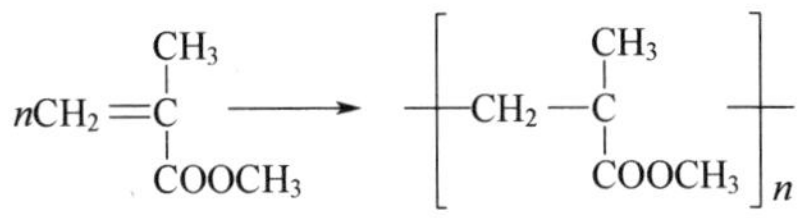

线性高分子化合物在一定条件下可溶、可熔。因此，利用这一性质可将其黏合。

**2. 环氧树脂固化**

环氧树脂具有黏结性，在环氧树脂中加入固化剂（如乙二胺、二乙烯三胺等），由于固化剂与环氧树脂的环氧基或羟基起反应，形成体型结构，因而使环氧树脂固化。乙二胺与环氧树脂两端的环氧基的反应可表示如下：

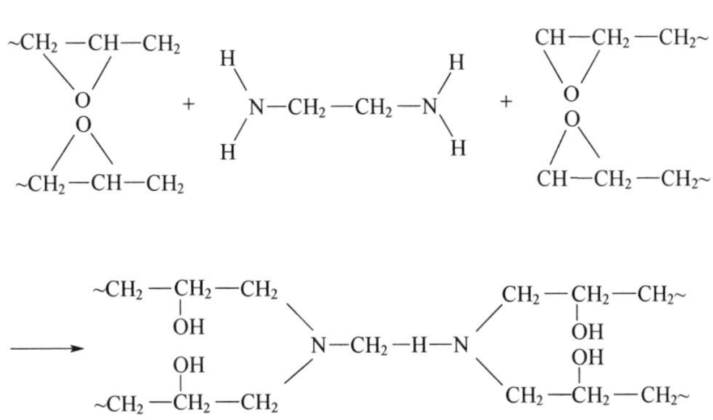

环氧树脂经固化剂固化后，与线型高聚物不同，具有不溶、不熔的性质。

**3. 有机高分子化合物的燃烧性**

有机高分子化合物一般都能燃烧，但由于组成成分不同，其燃烧时表现出来的特性亦不同，因此常用燃烧法简易识别有机高分子化合物。常见有机高分子化合物的燃烧性质见表 3-12。

表 3-12 常见有机高分子化合物的燃烧性质

| 塑料名称 | 燃烧难易 | 离火后是否继续燃烧 | 火焰状态 | 表面状态 | 气味 |
|---|---|---|---|---|---|
| 聚氯乙烯 | 难 | 不延燃 | 黄色有烟 | 软化 | HCl 气味 |
| 聚乙烯 | 易 | 能燃 | 蓝色 | 熔化滴落 | 石蜡气味 |
| 聚苯乙烯 | 易 | 能燃 | 冒黑烟 | 软化、起泡 | 苯乙烯味 |
| 聚四氟乙烯 | 不燃 | — | — | — | — |
| 有机玻璃 | 易 | 能燃 | 黄色 | 熔化 | 有香味 |
| 电木 | 缓燃 | 不延燃 | 黄色 | 膨胀 | 木材和酚味 |
| ABS 树脂 | 易 | 能燃 | 黄色、黑色 | 软化、烧焦 | 苯乙烯味 |
| 尼龙 | 缓燃 | 易熄灭 | 蓝黄色 | 滴落、起泡 | 似羊毛烧焦味 |

## 三、仪器和药品

**1. 实验仪器**

试管、试管架、试管夹、酒精灯、火柴、温度计、铁架台、黏结件、坩埚钳、滴管、镊子、玻璃棒、恒温水浴锅、塑料热合机、烧杯（250mL）、试剂瓶（60mL）。

**2. 实验药品**

硫酸 $H_2SO_4$（3mol · $kg^{-1}$）、氢氧化钠 NaOH（2mol · $kg^{-1}$）、甲苯、乙醇、丙酮、三氯甲烷（$CHCl_3$）、汽油、甲基丙烯酸甲酯（单体）、过氧化二苯甲酰、环氧树脂黏结剂（实验室自制）、塑料薄膜、聚氯乙烯、聚乙烯、有机玻璃、电木、生橡胶、橡皮（硬、软）、尼龙、聚苯乙烯、邻苯二甲酸甘油树脂、酚醛树脂等。

环氧树脂黏结剂制备方法如下：

方法一：环氧树脂　　　　　　100g

二乙烯三胺（固化剂）　6～8g（相当于 1g 环氧树脂加 2 滴二乙烯三胺）

调好上述黏结剂后，在 40～50min 内使用均有效，时间过长则已明显固化不能使用，故应根据胶黏面积的大小来调配胶黏剂，避免造成浪费。

胶黏后其他不需黏结部位若沾有胶黏剂，可用棉花蘸丙酮少许及时擦拭之。进行黏结实验时，为防止实验台上粘上黏结剂，应在实验台上垫以报纸。

方法二：6011#环氧树脂 4g，604#环氧树脂 3.2g，618#环氧树脂 0.8g，聚酚氧 0.6g。

按上述组分称量后，将 6011#环氧树脂与 604#环氧树脂混合加热熔化后，加入聚酚氧继续加热至 280℃熔融，然后冷却到 100℃加入 618#环氧树脂，不断搅拌待冷却至室温得到热熔胶。

## 四、实验内容

### 1. 高分子化合物的合成——甲基丙烯酸甲酯的聚合

制备有机玻璃，一般是将单体——甲基丙烯酸甲酯置于特制的模型中，直接成管状、棒状或板状物。由于反应时放热且反应物黏度不断增大，不容易传递热量，容易产生局部过热致使单体（沸点 101℃）气化或聚合物裂解，使产品内产生气泡而影响质量。因此，进行本实验的关键是严格控制反应速率（加入引发剂量要适合；控制反应过程中的温度），以避免气泡的出现。

实验方法：取一清洁的干燥的小试管，倒入 3mL 甲基丙烯酸甲酯及引发剂——过氧化二苯甲酰[1]少许，然后将试管放入一盛有热水（90～95℃）的恒温水浴中，用玻璃棒搅拌，直到过氧化二苯甲酰溶解。开始加热，水位应始终高于试管内单体的液面 1cm 以上。

加热分两阶段进行。第一阶段，使水温控制在 90～95℃，直到试管内液体明显变得比较黏稠为止（注意观察!）；第二阶段，取出试管，将试管放入另一盛有 80℃热水的水浴中，使水温始终严格保持在 80℃（水温过高容易起泡；过低则聚合速度较慢，不能在实验时间内成为固体），直到反应液完全变成坚硬固体为止。在第二阶段加热到一定时间后，可在反应物中首先看到一个与原液体有一明显界面的透明点，这实际就是形成固相的开始，随后逐渐长大，至充满整个液态。完全成为透明固体后，用铁锤轻轻敲破试管（为了安全，可用纸将试管裹一下再敲）即得棒状有机玻璃成品。也可在加热第一阶段完成后，将装有比较黏稠的有机玻璃的试管立即取出放入预先准备好的冰水浴中冷却 1h，而后取出于室温下静置 3～4d 可得到棒状有机玻璃成品。

### 2. 高分子化合物的黏结性

（1）使用胶黏剂黏结——利用环氧树脂黏结

① 黏结物件表面的处理：将要黏结的物件（如金属零件、玻璃器皿、陶瓷制品、木制品等）进行清洁处理（对金属零件先用砂纸打磨去锈，用稀碱溶液处理去油，最后用水冲

[1] 过氧化二苯甲酰为白色粉末状固体，易溶于苯、丙酮等有机溶剂中，微溶于水。它是一种容易燃烧的物质，在受热或摩擦时能发生爆炸。一般贮存温度应低于 25℃，并注入 25%～30%的水。

过氧化二苯甲酰是自由基（游离基）加聚反应中常用的一种引发剂，在溶液中加热分解，产生游离基，反应方程如下：

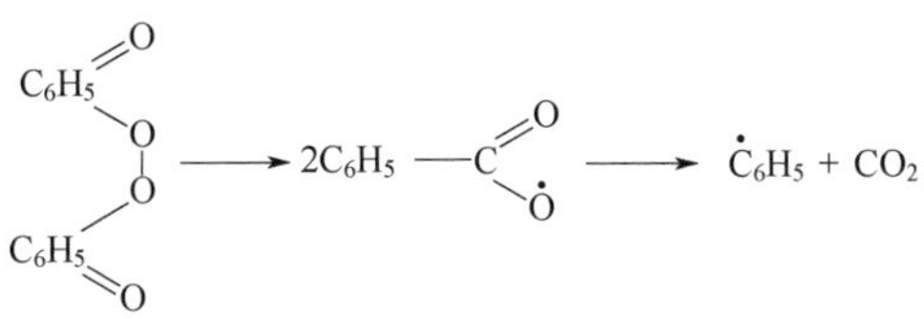

游离基与单体作用形成活性单体，如此使反应得以不断进行，形成高聚物。

使用过氧化二苯甲酰时，为除去其中的水分可用滤纸轻轻挤压，吸干水分。过氧化二苯甲酰的用量必须合适，一般 3mL 甲基丙烯酸甲酯需加入 0.015g 干燥的过氧化二苯甲酰。为了简便，本实验不进行称量，放入一粒约绿豆大小的引发剂（注意观察指导老师的演示），不可过多或过少。

洗干净并保持表面干燥；对玻璃、陶瓷上的油污可用洗涤剂处理或少量丙酮擦拭；对木材要用砂纸打磨去掉表面油污、灰尘，并用干布擦拭）。

② 用木棍或玻璃棒蘸环氧树脂黏结剂（实验室自制）少许，涂在已经过表面处理（清洁）的需黏结部位上，将两部分需要黏结的并涂有黏结剂的物件压紧（或用线、夹子等使之固定），在常温下放置 2d。若要缩短固化时间，可在 100℃烘箱中烘 2h。

（2）线型结构分子化合物的自黏合

① 溶剂黏结法：取两个需要黏结的有机玻璃部件用水洗净擦干后，表面均匀地涂上一层 $CHCl_3$（或用注射器在黏结部位缝间注入三氯甲烷），然后将它们叠合在一起，加压约 10min 后，观察其黏结的情况。

② 热熔黏结法：取两小块聚氯乙烯薄膜或聚乙烯薄膜叠合在一起，在塑料薄膜热合机上加热片刻，可使两块薄膜熔融而黏结起来（例如制成一个塑料袋）。

**3. 高分子化合物的燃烧性**

用坩埚钳先后分别夹取聚乙烯、聚氯乙烯、电木、有机玻璃、聚苯乙烯、尼龙各一块，放在酒精灯上加热，对照塑料的燃烧性表，观察并记录其燃烧现象的特性。

**4. 高分子化合物的耐腐蚀性**

取两只试剂瓶，各倒入 $3mol \cdot kg^{-1}$ $H_2SO_4$ 50mL，再分别加入一片聚乙烯和一片聚氯乙烯，观察现象。

用 $2mol \cdot kg^{-1}$ NaOH 代替 $H_2SO_4$ 重复上述实验，观察现象。

**5. 高分子化合物的溶解性**

（1）取聚苯乙烯、聚氯乙烯各少许，分别装入两只试剂瓶中，各加入甲苯（或苯）20mL，观察其溶解情况。

（2）取少量邻苯二甲酸甘油树脂、热塑性酚醛树脂和电木块（含体型酚醛树脂），分别装入 3 只试剂瓶中，各加入乙醇 20mL，观察是否都溶解。

（3）取硬橡胶、软橡胶、生橡胶各一小片放入试剂瓶中，加入汽油 20mL，放置一段时间，观察有何现象？

注：实验 4、5 为演示试验，事先由实验室准备好耐腐蚀性样品及溶解样品。学生不独立做。

## 五、思考题

1. 环氧树脂分子结构有何特征？用它作胶黏剂时，为什么要加固化剂？
2. 线型结构与体型结构高聚物性质上主要有何不同？

# 第四章

# 综合实验

Excel 和 Origin 是常用于科学数据分析、处理和图形绘制的工具软件，具有处理快速、方便易用等优点，同时提供了丰富的内部函数，可以进行各种数据处理、统计分析；另外它们还具有强大的制表功能，可以方便地绘出各种专业图表，因此被广泛地运用于化学实验和其他学科的实验数据处理和分析中。

应用计算机处理实验数据，不但可以减少在数据处理过程中人为因素产生的误差，提高实验结果的准确性，还可极大地提高工作效率。将 Excel 或 Origin 软件引入到实验的数据处理中，优化了实验的同时，使数据处理更趋于科学化和规范化。

## 实验十五　化学反应热效应的测定

### 一、实验目的

1. 了解测定物体的热容和化学反应焓变的原理和方法；
2. 学习作图外推法处理实验数据；
3. 学习用线性拟合的方法求出反应摩尔焓变。

### 二、实验原理

化学反应中的能量变化最常见的是化学能与热能的转化。化学反应通常是在恒压下进行，其反应的热效应即为等压热效应 $Q_p$，在化学热力学中用 $\Delta H$（焓变）来表示。对于放热反应，$\Delta H$ 为负值；对于吸热反应，$\Delta H$ 为正值。

本实验是使过量的锌粉与硫酸铜溶液在保温杯量热计中发生反应（如图 4-1）：

$$Zn(s) + Cu^{2+}(aq) = Zn^{2+}(aq) + Cu(s) \quad \Delta_r H^{\ominus}_{m,298} = -218.66kJ \cdot mol^{-1}$$

根据溶液的质量和比热容、保温杯的热容及反应系统前后的温度变化，即可算出反应的摩尔焓变。$\Delta H$ 与参与反应的溶液质量和保温杯的热熔及 $\Delta T$ 有关。

$$\Delta H = -\Delta T(mC + C') / n(CuSO_4) \tag{4-1}$$

式中，$\Delta T$ 为反应前后溶液温度的变化，K；$C$ 为反应后溶液的比热容，$J \cdot g^{-1} \cdot K^{-1}$，

其中水的比热容为4.18J·$g^{-1}$·$K^{-1}$；$m$ 为反应后溶液的质量，g；$C'$为保温杯的热容，J·$K^{-1}$；$n$ 为物质的量，mol。

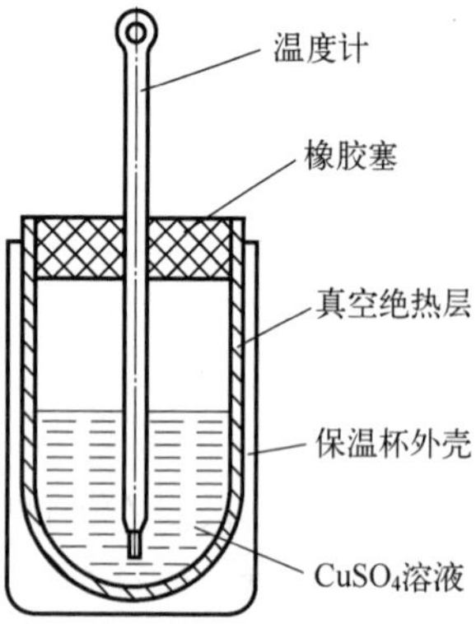


图 4-1　保温杯量热计示意图

保温杯的热容 $C'$是指保温杯本身温度每变化 1℃所引起的热量变化。它可通过质量相同，温度不同的冷水和热水混匀后粗略测出。先向保温杯中加入一定质量的热水，然后加入等质量的冷水，混匀。因为热水和量热计放出的热量为冷水所吸收的热量即：

$$(C_1m_2 + C')(T_2 - T_3) = C_1m_1(T_3 - T_1) \tag{4-2}$$

因此有，

$$C' = \left[C_1m_1(T_3 - T_1) - C_1m_2(T_2 - T_3)\right] / (T_2 - T_3) \tag{4-3}$$

式中，$C_1$ 为水的比热容，4.18J·$g^{-1}$·$K^{-1}$；$m_1$ 为冷水的质量，g；$m_2$ 为热水的质量，g；$T_1$ 为冷水的温度，K；$T_2$ 为热水的温度，K；$T_3$ 为均匀混合后的水温，K；$C'$为保温杯的热容，J·$K^{-1}$。

由于保温杯量热计并非完全绝热的容器，反应后升温达到最大值还需一段时间，故在这段时间内还会与环境交换少量热量，采用作图外推法可适当减少这一影响。根据反应测出的保温杯的热容 $C'$和 $\Delta T$，代入式（4-1）即可计算出 $\Delta H$。

数据拟合越来越广泛地应用到化学实验数据的处理中。本实验中将式（4-1）改写为 $-\Delta H\dfrac{n}{\Delta T} = mC + C'$，令 $y = \dfrac{n}{\Delta T}$，$x = m$，又因 $\Delta H$、$C$ 均为常数，则通过测定参加反应的一系列不同质量的硫酸铜溶液与锌粉参与反应的实验数据，建立 $y$ 与 $x$ 之间的线性关系，则有

$$-\Delta Hy = Cx + C' \tag{4-4}$$

通过 Excel 进行线性拟合，拟合函数形式为 $y = \mathrm{A}x + \mathrm{B}$，同时得到拟合曲线中 A 和 B 的相关信息。代入式（4-4），即可求出 $\Delta H$、$C'$。

## 三、仪器和药品

### 1. 实验仪器

电子天平、台式天平、保温杯、烧杯（100mL）、秒表、磁子、精密温度计（50℃）。

### 2. 实验药品

硫酸铜 $CuSO_4$（0.2mol·$kg^{-1}$）、锌粉（C.P.）、去离子水。

## 四、实验内容

### 1. 量热计热容 $C'$的测定

（1）取一个烧杯，称取约 50g 室温下的蒸馏水或去离子水，准确记录质量 $m_1$，用温度计测其温度，即为冷水的温度 $T_1$。

（2）用洁净并擦干的保温杯称取约 50g 热水，准确记录质量 $m_2$，注意调节保温杯橡胶

塞上温度计插入的高度，使它既不触及容器底壁又能使水银球浸入水中。盖上保温杯盖，于水平方向摇动约 15s（此时水温已趋相对恒定），准确地读出温度，记录水温 $T_2$（一般约需 3min，此温度比冷水温度 $T_1$ 高 20℃左右较为合适）。

（3）打开保温杯盖（注意动作不能过猛，要边旋转边慢慢打开，以免仪器破损），将（1）中称取的冷水迅速倒入保温杯中，盖紧盖子搅拌，并每隔 30s 记录一次时间和水温（此时不应按停秒表），直至温度不再有明显变化后，再继续测定 3min，作出温度-时间（$T$-$t$）曲线，然后用外推法确定 $T_3$。

（4）保温杯用蒸馏水洗净并擦干待用。

**2. 反应焓变的测定**

（1）用台式天平称取 3g 锌粉。

（2）用电子天平称取约 100g 的 0.2mol • kg$^{-1}$ 硫酸铜溶液，准确记录所称取的溶液质量 $m$。将硫酸铜溶液置于洗净擦干的保温杯中并放入磁子，盖紧盖子。

（3）搅拌溶液，并启动秒表，每隔 30s 记录一次时间和温度，直至系统温度达到恒定为止（约 3min）。

注意：使用搅拌器时应先将干燥洁净的搅拌磁子放入保温杯中。需搅拌时，将保温杯放至搅拌器盘正中央上，将搅拌器接通电源（若采用磁力加热搅拌器，加热旋钮应在“关”的位置），开通搅拌器开关，由调速旋钮调节至合适的转速。

（4）迅速沿保温杯的四周均匀加入称好的锌粉，立即盖紧保温杯盖，同时记录开始反应的时间（此时不应按停秒表），并每隔 30s 记录一次温度读数。待系统温度升至最大值后，再每隔 30s 测温 6～8 次。

上述实验再重复进行 3 次，每次药品的用量分别为：80g 硫酸铜溶液，2.4g 锌粉；70g 硫酸铜溶液，2.1g 锌粉；60g 硫酸铜溶液，1.8g 锌粉。重复以上操作，分别测定反应焓变。

每次测定完后洗净保温杯，擦干。回收搅拌磁子。

## 五、实验数据记录和处理

**1. 实验数据**

（1）量热计热容 $C'$的测定

实验数据记录于表 4-1。

表 4-1　量热计热容 $C'$

| 项目 | 数值 |
|---|---|
| 水的比热容 $C$/（J • g$^{-1}$ • K$^{-1}$） | |
| 冷水的质量 $m_1$/g | |
| 热水的质量 $m_2$/g | |
| 冷水的温度 $T_1$/K | |
| 热水的温度 $T_2$/K | |
| 混合后的水温 $T_3$/K | |
| 量热计热容 $C'$/（J • K$^{-1}$） | |

（2）反应焓变的测定

反应时间与温度的变化（每隔 30s 记录一次温度）记录于表 4-2。

表 4-2　反应焓变实验的温度-时间特性

| 组别 | 温度/℃ | | | | | | | | | | | | |
|---|---|---|---|---|---|---|---|---|---|---|---|---|---|
| | 0s | 30s | 60s | 90s | 120s | 150s | 180s | 210s | 240s | 270s | 300s | 330s | 360s |
| 1 | | | | | | | | | | | | | |
| 2 | | | | | | | | | | | | | |
| 3 | | | | | | | | | | | | | |
| 4 | | | | | | | | | | | | | |

测定的 $Zn + CuSO_4$ 反应焓变实验数据记录于表 4-3。

表 4-3　测定的 $Zn + CuSO_4$ 反应焓变实验数据处理

| 组别 | $m(CuSO_4)$/g | $m(Zn)$/g | $T_2$/℃ | $T_1$/℃ | $\Delta T$/℃ | $n$/mol |
|---|---|---|---|---|---|---|
| 1 | 100 | 3 | | | | |
| 2 | 80 | 2.4 | | | | |
| 3 | 70 | 2.1 | | | | |
| 4 | 60 | 1.8 | | | | |

**2. 作图外推法**

（1）如图 4-2（a）所示，在小方格纸（或坐标纸）上（10 小格为 1K）作出温度-时间曲线，并用外推法确定 $T_3$，水的比热容近似取为 $4.18J \cdot g^{-1} \cdot K^{-1}$，根据式（4-3）计算量热计热容 $C'$。

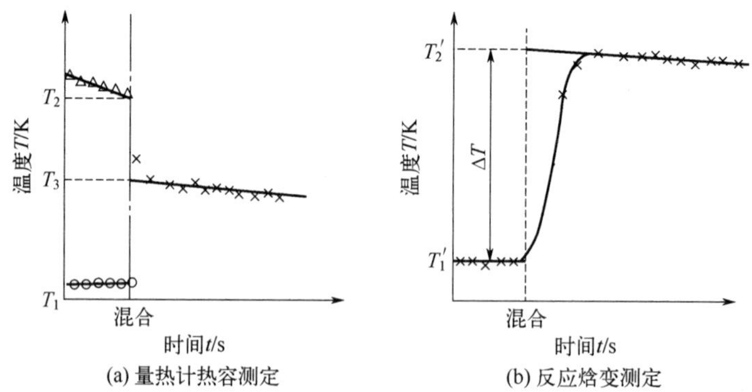


图 4-2　温度与反应时间的关系

（2）如图 4-2（b）所示，在方格纸上（10 小格为 1K）作出温度-时间曲线，由外推法求出反应前后溶液温度的变化 $\Delta T$（见实验三中雷诺作图法校正温度），反应后溶液的比热容近似取为 4.18J • $g^{-1}$ • $K^{-1}$，根据式（4-1）计算反应的焓变实验值 $\Delta H$（实验值）。

（3）根据下式计算实验的相对误差，并分析产生误差的原因。

$$E_r = \frac{\Delta H(\text{实验值}) - \Delta H(\text{理论值})}{\Delta H(\text{理论值})} \times 100\%$$

**3. 对数据进行线性拟合求出反应摩尔焓变**

利用表 4-3 数据建立 $y$ 与 $x$ 之间的线性关系。具体操作如下：通过 Excel 插入图表，建立散点图的曲线，右键点击曲线，添加趋势线，选择线性拟合，所得的拟合曲线如图 4-3 所示，同时在“趋势线格式”【选项】中点击“显示公式”。拟合函数形式为 $y$=A$x$+B，同时得到拟合直线的相关信息。例如：$y = \mathrm{A}x + \mathrm{B} = 0.019x + 0.0945$，该直线的斜率 $A = -\frac{C}{\Delta H} = 0.019$，将 $C = 4.18$ 代入求得 $\Delta H$，求出相对误差；$\frac{C'}{-\Delta H} = \mathrm{B} = 0.0945$，可求得 $C'$。

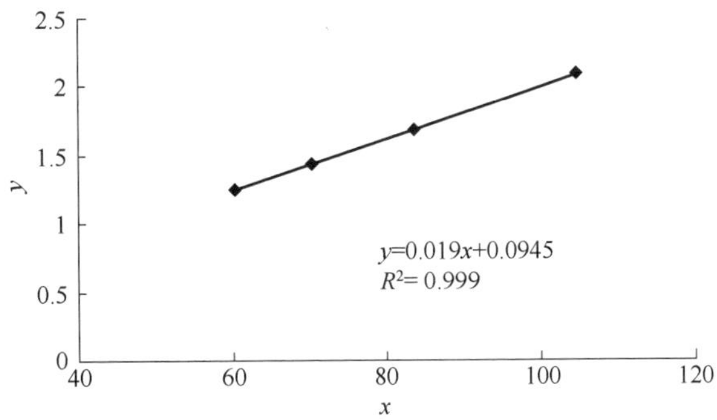


图 4-3　实验数据的线性拟合

**4. 误差分析**

将传统方法测出的 $\Delta H$，与通过数据拟合得出的 $\Delta H$ 分别求出与理论值的相对误差，比较两者相对误差的大小。

## 六、思考题

1. 如何配制 0.200mol • $kg^{-1}$ $CuSO_4$ 溶液？操作中有哪些应注意之处？
2. 测定量热计热容时，为何热水的温度不能太高？
3. 为何锌粉要迅速沿四周均匀加入量热计中？为何盖紧量热计后，要剧烈搅动溶液？
4. 为什么要用作图外推法处理实验数据？作图与外推中有哪些应注意之处？

# 实验十六　五水合硫酸铜的制备、提纯及铜含量测定

五水合硫酸铜俗称胆矾，是较为重要的铜盐之一，在电镀、印染、颜料、农药等方面有广泛应用。例如，无机农药波尔多液就是硫酸铜和石灰乳混合液，它是一种良好的杀菌

剂，可用来防治多种作物的病害。1878 年在法国波尔多城，葡萄藤发生虫病大部分死去，而大路两边的葡萄藤，怕行人摘吃，在葡萄藤干上涂了生石灰与硫酸铜溶液，弄得花白，行人看了难受不敢摘吃，这些葡萄藤却没有死，进一步研究才知此混合液具有杀菌能力，因而命名为波尔多液。

## （一）五水合硫酸铜的制备与提纯

### 一、实验目的

1. 学习用工业氧化铜制备硫酸铜的方法及原理；
2. 进一步巩固无机制备中加热、溶解、蒸发、过滤、结晶等基本操作。

### 二、实验原理

五水合硫酸铜（$CuSO_4 \cdot 5H_2O$）在常温常压下很稳定，不潮解，在干燥空气中会逐渐风化，加热至 45℃时失去两分子结晶水，110℃时失去四分子结晶水，150℃时失去全部结晶水而成无水物。无水物也易吸水转变为五水合硫酸铜。常利用这一特性来检验某些液态有机物中是否含有微量水分。将五水合硫酸铜加热至 650℃高温，可分解为黑色氧化铜、二氧化硫及氧气。

$CuSO_4 \cdot 5H_2O$ 易溶于水而难溶于乙醇，在干燥的空气中缓慢风化，加热至 230℃时，可失去全部结晶水而变成白色的无水 $CuSO_4$。

制备 $CuSO_4 \cdot 5H_2O$ 有多种方法，本实验以工业氧化铜为原料制备 $CuSO_4 \cdot 5H_2O$。反应式为：

$$CuO + H_2SO_4 + 4H_2O = CuSO_4 \cdot 5H_2O$$

粗 $CuSO_4 \cdot 5H_2O$ 中含有不溶性杂质和可溶性杂质 $FeSO_4$、$Fe_2(SO_4)_3$ 等。不溶性杂质可在溶解、过滤的过程中除去。可溶性杂质 $Fe^{2+}$可用 $H_2O_2$ 或 $Br_2$ 氧化为 $Fe^{3+}$，然后调节溶液的 pH，使 $Fe^{3+}$水解为 $Fe(OH)_3$ 沉淀而除去。反应式为：

$$2Fe^{2+} + H_2O_2 + 2H^+ = 2Fe^{3+} + 2H_2O$$

$$Fe^{3+} + 3H_2O = Fe(OH)_3 + 3H^+$$

溶液的 pH 越大，$Fe^{3+}$除得越彻底，但 pH 过大会引起 $Cu^{2+}$水解，通过计算可知，理论上析出 $Cu(OH)_2$ 的 pH 为 $pH > 4.17$，在加热的情况下，其水解程度更大，这样就会降低 $CuSO_4 \cdot 5H_2O$ 的产率。为了除净铁而不降低 $CuSO_4 \cdot 5H_2O$ 的产率，溶液的 pH 必须控制在一定的范围内，本实验控制在 $pH \approx 4$。

除去 $Fe^{3+}$的滤液经蒸发、浓缩、减压过滤即可得到较纯净的 $CuSO_4 \cdot 5H_2O$。其他微量的可溶性杂质仍留在母液中而与产品 $CuSO_4 \cdot 5H_2O$ 分开。

### 三、仪器和药品

**1. 实验仪器**

循环水泵、台秤、电炉、吸滤瓶、布氏漏斗、蒸发皿、滤纸、泥三角或石棉网、表面皿、小烧杯（100mL）、量筒（50mL）等。

### 2. 实验试剂

工业氧化铜 CuO（固体）、硫酸 $H_2SO_4$（$1mol \cdot kg^{-1}$、$5mol \cdot kg^{-1}$）、氢氧化钠 NaOH（$2mol \cdot kg^{-1}$）、过氧化氢 $H_2O_2$（$30g \cdot L^{-1}$）、盐酸 HCl（$2mol \cdot kg^{-1}$）、硫氰化钾 KSCN（$1mol \cdot kg^{-1}$）、氨水 $NH_3 \cdot H_2O$（$1mol \cdot kg^{-1}$、$6mol \cdot kg^{-1}$）、去离子水。

## 四、实验内容

### 1. 粗 $CuSO_4 \cdot 5H_2O$ 的制备

称取 4g 工业 CuO 于 100mL 小烧杯中，加 20mL $5mol \cdot kg^{-1}$ $H_2SO_4$溶液，小火加热至沸 5min（不盖表面皿），再加去离子水 30mL，盖上表面皿，用小火加热约 15min，并维持溶液体积为 40mL 左右，此时溶液的颜色为蓝绿色并有残渣。趁热过滤，滤液承接于洁净的蒸发皿中（残渣弃去），将蒸发皿置于泥三角或石棉网上，用小火加热蒸发、浓缩（不需搅拌）至出现晶膜，立即停止加热，冷却结晶。经减压抽滤得产品 $CuSO_4 \cdot 5H_2O$，用滤纸吸干后称重并计算产率。

### 2. 粗 $CuSO_4 \cdot 5H_2O$ 的提纯

（1）溶解和氧化

称取 1g 粗 $CuSO_4 \cdot 5H_2O$ 晶体留作纯度检验，其余全部置于 100mL 小烧杯中，按质量比 1∶3 的比例加入去离子水，加热搅拌使其溶解。在溶液中滴加 2～3 滴 $1mol \cdot kg^{-1}$ $H_2SO_4$溶液酸化，在边加热边搅拌下滴加 1mL $30g \cdot L^{-1}$ $H_2O_2$溶液，使溶液中的 $Fe^{2+}$氧化为 $Fe^{3+}$。

（2）沉淀和过滤

继续加热溶液，在不断搅拌下滴加 $2mol \cdot kg^{-1}$ NaOH 溶液至溶液的 $pH \approx 4$。再加热片刻，静置，使红棕色 $Fe(OH)_3$ 沉降。用倾泻法过滤，滤液承接于洁净的蒸发皿中。

（3）蒸发结晶、减压过滤

在滤液中滴加 $1mol \cdot kg^{-1}$ $H_2SO_4$溶液，调溶液的 pH=1～2，将蒸发皿置于泥三角或石棉网上，用小火蒸发、浓缩至溶液表面出现晶膜，立即停止加热。稍冷片刻，再将蒸发皿放在盛有冷水的烧杯上冷却，使 $CuSO_4 \cdot 5H_2O$ 晶体析出。减压抽滤，尽量抽干，所得晶体用滤纸进一步吸干，称重并计算产率。

（4）硫酸铜晶体的制备

称取一定量提纯后的 $CuSO_4 \cdot 5H_2O$ 晶体于小烧杯中，按 1g $CuSO_4 \cdot 5H_2O$ 需加 1.2mL 去离子水的比例，在 80℃下制成饱和溶液。由实验室提供一颗晶形较好的 $CuSO_4 \cdot 5H_2O$ 晶体，并用细线（锦纶、丝线）系好，悬挂在已制备好的 $CuSO_4 \cdot 5H_2O$ 溶液里，让溶液慢慢冷却，使 $CuSO_4 \cdot 5H_2O$ 缓慢结晶，即可得到较大而完整的晶体。

### 3. $CuSO_4 \cdot 5H_2O$ 纯度检验

称取 1g 粗 $CuSO_4 \cdot 5H_2O$ 晶体和 1g 提纯后的 $CuSO_4 \cdot 5H_2O$ 晶体，分别倒入 100mL 小烧杯中，加入 10mL 去离子水溶解，再分别加入 1mL $1mol \cdot kg^{-1}$ $H_2SO_4$溶液酸化，加入 2mL $30g \cdot L^{-1}$ $H_2O_2$ 氧化，使其中的 $Fe^{2+}$全部转化为 $Fe^{3+}$。溶液冷却后分别滴加 $6mol \cdot kg^{-1}$ 氨水至生成的蓝色沉淀全部溶解，溶液呈深蓝色，过滤后，在取出的滤纸上滴加 $1mol \cdot kg^{-1}$ 氨水至蓝色褪去。此时 $Fe(OH)_3$ 沉淀留在滤纸上。用滴管滴加 3mL $2mol \cdot kg^{-1}$ HCl 溶液至滤纸上，溶解 $Fe(OH)_3$ 沉淀。然后在溶解液中滴加 2 滴 KSCN 溶液，根据红色的深浅，评定

提纯后 $CuSO_4 \cdot 5H_2O$ 溶液的纯度。

## 五、实验数据记录与处理

实验现象记录于表 4-4。

**表 4-4　产品纯度检验结果**

| $CuSO_4 \cdot 5H_2O$ 种类 | 加入试剂 | 溶液颜色 | 结论 |
| --- | --- | --- | --- |
| 粗 $CuSO_4 \cdot 5H_2O$ | KSCN 溶液 | | |
| 提纯后 $CuSO_4 \cdot 5H_2O$ | KSCN 溶液 | | |

根据化学反应式计算出产品的理论产量，然后根据下式计算产品的产率。

$$产率 = \frac{实际产量}{理论值} \times 100\%$$

## 六、思考题

1. 提纯粗 $CuSO_4 \cdot 5H_2O$ 晶体时，$Fe^{2+}$为什么首先要转化成 $Fe^{3+}$？除 $Fe^{3+}$时，为什么要调节溶液的 pH 约为 4？

2. 蒸发溶液时，为什么加热不能过猛？为什么不可将滤液蒸干？

# （二）硫酸铜中铜含量的测定

## 一、实验目的

1. 掌握硫代硫酸钠溶液的配制及标定方法；
2. 掌握用间接碘法测定铜含量的原理和方法；
3. 进一步了解氧化还原滴定的特点。

## 二、实验原理

在弱酸性溶液中，$Cu^{2+}$可被 KI 还原为 CuI，其反应式为：

$$2Cu^{2+} + 4I^- \rightleftharpoons 2CuI \downarrow + I_2$$

该反应为可逆反应，在 KI 过量的条件下，反应可定量向右进行。析出的 $I_2$ 以淀粉为指示剂，用 $Na_2S_2O_3$ 标准溶液滴定，即可间接测得铜的含量。

$$I_2 + 2S_2O_3^{2-} = 2I^- + S_4O_6^{2-}$$

实验过程中应注意：

（1）滴定接近终点时，加入几滴 KSCN。

由于 CuI 沉淀强烈地吸附 $I_2$，会使测定结果偏低。若加 KSCN，可使 CuI（$K_{sp}^{\ominus} = 5.06 \times 10^{-12}$）转化为溶解度更小的 CuSCN（$K_{sp}^{\ominus} = 4.8 \times 10^{-15}$）。

$$CuI + SCN^- = CuSCN \downarrow + I^-$$

这样不但可以释放出被吸附的$I_2$，而且反应时产生的$I^-$可与未反应的$Cu^{2+}$发生反应。但是KSCN只能在接近终点时加入，否则因为$I_2$的量较多，会明显地被KSCN所还原而使结果偏低，反应如下：

$$SCN^- + 4I_2 + 4H_2O = SO_4^{2-} + 7I^- + ICN + 8H^+$$

（2）控制溶液的pH在3～4。

反应必须在适当的弱酸性溶液中进行。pH过高，$Cu^{2+}$发生水解反应，$Cu^{2+}$氧化$I^-$的反应进行得不完全，使结果偏低，而且反应速度慢，终点拖长。另外，在碱性溶液中，$I_2$会发生歧化反应，$S_2O_3^{2-}$也可能发生如下副反应：

$$S_2O_3^{2-} + 4I_2 + 10OH^- = 2SO_4^{2-} + 8I^- + 5H_2O$$

pH过低，则$I^-$被空气氧化为$I_2$的反应被$Cu^{2+}$所催化，使结果偏高。另外$Na_2S_2O_3$也会发生如下分解反应：

$$S_2O_3^{2-} + 2H^+ = SO_2\uparrow + S\downarrow + H_2O$$

因此，为了防止上述副反应发生，必须控制反应溶液的酸度，一般控制溶液的pH=3～4。

大量$Cl^-$能与$Cu^{2+}$配合，使$I^-$不易从Cu(Ⅱ)的氯配合物中将Cu(Ⅱ)定量地还原，因此，溶解$CuSO_4 \cdot 5H_2O$试样时用硫酸而不用盐酸（少量盐酸不干扰）。

矿石或合金中的铜也可以用间接碘法测定。通常加入$NH_4HF_2$使溶液的pH控制在pH=3.5～4.0。这样既可使$Fe^{3+}$生成$FeF_6^{3-}$而被掩蔽，又可避免As(Ⅴ)、Sb(Ⅴ)氧化$I^-$（pH＞3.5时，As(Ⅴ)、Sb(Ⅴ)的氧化性降低至不能氧化$I^-$），从而消除这些干扰离子的干扰。

## 三、仪器和药品

### 1. 实验仪器

分析天平、锥形瓶、酸式滴定管、量筒（5mL、100mL）、碘量瓶（250mL）、烧杯（500mL）、棕色试剂瓶等。

### 2. 实验试剂

碳酸钠$Na_2CO_3$（固体，A.R.）、五水合硫代硫酸钠$Na_2S_2O_3 \cdot 5H_2O$（固体，A.R.）、重铬酸钾$K_2Cr_2O_7$（固体，基准物）、胆矾$CuSO_4 \cdot 5H_2O$（固体，自制）、硫酸$H_2SO_4$（$1mol \cdot kg^{-1}$）、盐酸HCl（$6mol \cdot kg^{-1}$）、硫氰化钾KSCN（10%）、碘化钾KI（10%）、淀粉溶液（1%）、去离子水等。

## 四、实验内容

### 1. $0.1mol \cdot kg^{-1}$ $Na_2S_2O_3$溶液的配制与标定

（1）$0.1mol \cdot kg^{-1}$ $Na_2S_2O_3$溶液的配制

称取25g $Na_2S_2O_3 \cdot 5H_2O$（分子量$M$=248.2）于500mL烧杯中，加入200～300mL新煮沸已冷却的去离子水，再加入0.2g $Na_2CO_3$，待完全溶解后，用新煮沸已冷却的去离子水稀释至1000mL，贮于棕色瓶中，在暗处放置7～14d后标定。

（2）$0.1mol \cdot kg^{-1}$ $Na_2S_2O_3$溶液浓度的标定

称取已烘干的 $K_2Cr_2O_7$（分子量 $M = 294.2$）0.11～0.16g 于 250mL 碘量瓶中，准确记录质量，加入 10～20mL 去离子水使之溶解，再加入 20mL10% KI 溶液和 5.0mL 的 6mol・$kg^{-1}$ HCl 溶液，混匀后盖好塞，暗处放置 5～10min。反应结束后加 50mL 水稀释一倍，用 0.1mol・$kg^{-1}$ $Na_2S_2O_3$ 溶液滴定到呈浅黄绿色。加入 1mL1%淀粉溶液，继续滴定至蓝色变为绿色，即为终点。平行测定 3 次，数据填入表 4-5，根据 $K_2Cr_2O_7$ 的质量及消耗的 $Na_2S_2O_3$ 溶液体积，计算 $Na_2S_2O_3$ 溶液的浓度。

**表 4-5　0.1mol・$kg^{-1}$ $Na_2S_2O_3$ 溶液的标定**

| 项目 | Ⅰ | Ⅱ | Ⅲ |
| --- | --- | --- | --- |
| $m(K_2Cr_2O_7)$/g | | | |
| $Na_2S_2O_3$ 溶液终读数/mL | | | |
| $Na_2S_2O_3$ 溶液初读数/mL | | | |
| $V(Na_2S_2O_3)$/mL | | | |
| $c(Na_2S_2O_3)$ /（mol・$kg^{-1}$） | | | |
| $\bar{c}$ $(Na_2S_2O_3)$ /（mol・$kg^{-1}$） | | | |
| 绝对偏差 | | | |
| 相对平均偏差/% | | | |

### 2. 铜的测定

称取 $CuSO_4$・$5H_2O$ 试样 0.5～0.6g 于 250mL 碘量瓶中，准确记录质量，加入 3mL 1mol・$kg^{-1}$ $H_2SO_4$ 溶液和去离子水 20～30mL 使之溶解。加入 7～8mL10%KI 溶液，立即用 $Na_2S_2O_3$ 标准溶液滴定至溶液呈浅黄色，加入 1mL1%的淀粉溶液，继续滴定至溶液呈浅蓝色，再加入 5mL10%KSCN 溶液，摇动锥形瓶至溶液蓝色加深，继续滴定到蓝色恰好消失，此时溶液为米色（或浅肉红色）悬浮液。平行测定 3 次，由 $Na_2S_2O_3$ 溶液消耗的体积及浓度，计算 $CuSO_4$・$5H_2O$ 中的铜含量。

## 五、实验数据记录与处理

测试数据记录于表 4-6。

**表 4-6　硫酸铜中铜的测定结果**

| 项目 | Ⅰ | Ⅱ | Ⅲ |
| --- | --- | --- | --- |
| $m$(硫酸铜)/g | | | |
| $c(Na_2S_2O_3)$ /（mol・$kg^{-1}$） | | | |
| $Na_2S_2O_3$ 终读数/mL | | | |
| $Na_2S_2O_3$ 初读数/mL | | | |
| $V(Na_2S_2O_3)$/mL | | | |
| $w$(Cu)/% | | | |

续表

| 项目 | Ⅰ | Ⅱ | Ⅲ |
| --- | --- | --- | --- |
| $\overline{w}(Cu)$ /% | | | |
| 个别测定偏差（绝对值） | | | |
| 相对平均偏差/% | | | |

## 六、思考题

1. 硫酸铜易溶于水，溶解时为什么加硫酸？能否用盐酸或硝酸？为什么？

2. 用碘法测定铜含量时，为什么要加入 KSCN 溶液？如果在酸化后立即加入 KSCN 溶液，会产生什么影响？

3. 已知 $E^{\ominus}_{Cu^{2+}/Cu^{+}}=0.158V$，$E^{\ominus}_{I_2/I^-}=0.54V$，为什么本法中 $Cu^{2+}$却能使 $I^-$氧化为 $I_2$？

4. 滴定反应为什么一定要在弱酸性溶液中进行？

5. 如果分析矿石或合金中的铜，应怎样分解试样？试液中含有的干扰性杂质如 $Fe^{3+}$、As(Ⅴ)、Sb(Ⅴ)等，应如何消除它们的干扰？

# 实验十七　质子转移平衡常数的测定

## 一、实验目的

1. 了解用 pH 计法测定醋酸解离度和质子转移平衡常数的原理和方法；

2. 加深对弱电解质质子转移平衡的理解；

3. 学习 pH 计的使用方法，进一步掌握滴定管、移液管的基本操作。

## 二、实验原理

醋酸（$CH_3COOH$）即 HAc，在水中是弱电解质，存在着下列质子转移平衡：

$$HAc(aq)+H_2O(l) \rightleftharpoons H_3O^+(aq)+Ac^-(aq)$$

起始时浓度（$mol\cdot kg^{-1}$）　　$c$　　　　0　　　　0

平衡时浓度（$mol\cdot kg^{-1}$）　　$c-c\alpha$　　　　$c\alpha$　　　　$c\alpha$

$$K_a^{\ominus}=\frac{c(H^+)/c^{\ominus}c(Ac^-)/c^{\ominus}}{c(HAc)/c^{\ominus}}=\frac{(c\alpha)^2}{c-c\alpha}=\frac{c\alpha^2}{1-\alpha} \tag{4-5}$$

式中，$K_a^{\ominus}$为弱酸（如醋酸）的质子转移平衡常数；$c$ 为弱酸的起始浓度；$\alpha$ 为弱酸的解离度。

某一弱电解质的质子转移平衡常数 $K_a^{\ominus}$ 仅与温度有关，而与该弱电解质溶液的浓度无关；其解离度 $\alpha$ 则随溶液的浓度的降低而增大。本实验中醋酸的浓度 $c$ 用已知浓度的

NaOH 溶液来标定，用 pH 法测定 HAc 的 $\alpha$ 和 $K_a^\ominus$ 。

在一定温度下，用 pH 计测定一系列已知浓度的醋酸（HAc）溶液的 pH，按 $pH = -\lg c(H^+)$ 换算成 $c(H^+)$。根据 $c(H^+)=c\alpha$，

$$\alpha = \frac{c(H^+)}{c(HAc)} \tag{4-6}$$

即可求得醋酸的解离度 $\alpha$ 和 $\frac{c\alpha^2}{1-\alpha}$ 值。这一系列 $\frac{c\alpha^2}{1-\alpha}$ 值近似为一常数，取其平均值，即为该温度时 HAc 的质子转移平衡常数 $K_a^\ominus$ 。

可以用多种方法来测定弱酸的 $\alpha$ 和 $K_a^\ominus$，如可以用 HAc-NaAc 缓冲溶液的 pH 确定 HAc 的质子转移平衡常数 $K_a^\ominus$ 。对于 HAc-NaAc 缓冲溶液，

$$pH = pK_a^\ominus + \frac{c(NaAc)}{c(HAc)}$$

当 $c(HAc) = c(NaAc)$ 时，

$$pH = pK_a^\ominus \tag{4-7}$$

由所测得的 pH 可求出 HAc 的质子转移平衡常数 $K_a^\ominus$ 。

## 三、仪器和药品

### 1. 实验仪器

酸度计（pH 计）、酸式滴定管（50mL）、碱式滴定管（50mL）、移液管（25mL）、锥形瓶、滴定台、滴定管夹、洗瓶、碎滤纸、洗耳球。

### 2. 实验药品

醋酸 HAc（约 0.10mol • $kg^{-1}$）、氢氧化钠 NaOH（0.1000mol • $kg^{-1}$）、酚酞（1%）。

## 四、实验内容

### 1. 根据不同浓度醋酸溶液测出 $\alpha$ 和 $K_a$

（1）用已知浓度的 NaOH 溶液标定醋酸溶液的浓度。平行标定三次，计算醋酸溶液的浓度。

（2）在 4 只干燥的 100mL 锥形瓶（编号）中，用酸式滴定管分别加已标定好的醋酸溶液 6.00mL、12.00mL、24.00mL 和 48.00mL，接近所要刻度时应一滴一滴地加入。再用另一盛有去离子水的碱式滴定管往前面 3 只锥形瓶中分别加入去离子水，使各溶液的总体积均为 48.00mL，并混合均匀（第 4 只锥形瓶中不加去离子水）。求出各份 HAc 溶液的精确浓度。

（3）按上述所配制的系列醋酸溶液由稀到浓的顺序，用 pH 计分别测定各 HAc 溶液的 pH。

（4）记录实验时的室温，根据式（4-5）、式（4-6）算出不同浓度 HAc 溶液的 $\alpha$ 值及 $K_a$ 值。取 $K_a$ 的平均值，即为 HAc 的质子转移平衡常数 $K_a$。

### 2. 根据配制缓冲溶液的方法测出 $\alpha$ 和 $K_a$

用移液管移取 25.00mL 醋酸溶液至锥形瓶，加入 2 滴酚酞指示剂，用标准的 NaOH 溶

液滴定，至溶液从无色变成粉红色，且 0.5min 不褪色后。再用移液管移取 25.00mL 醋酸溶液至锥形瓶，配成 HAc-NaAc 缓冲溶液，摇匀，测定溶液的 pH。记录所消耗的 NaOH 溶液的体积，计算醋酸溶液的浓度。

平行实验三次，取平均值。根据式（4-5）、式（4-6）计算 HAc-NaAc 缓冲溶液中 HAc 的 $\alpha$、$K_a$。

## 五、思考题

1. 本实验中测定 HAc 质子转移平衡常数的原理是什么？
2. 若改变所测 HAc 溶液的浓度或温度，则它的解离度和质子转移平衡常数有无变化？
3. 配制不同浓度的醋酸溶液有哪些应注意之处？为什么？
4. 两种方法计算得到的 HAc 的 $\alpha$、$K_a$ 是否相同？为什么？

# 实验十八　金属的腐蚀与防护

## 一、实验目的

1. 理解金属腐蚀的基本原理；
2. 学会金属腐蚀防护的基本方法。

## 二、实验原理

**1. 金属腐蚀与腐蚀电池**

当金属和周围介质接触时，由于发生化学作用或电化学作用而引起的破坏叫作金属的腐蚀。常见的主要是电化学腐蚀。电化学腐蚀是形成腐蚀电池发生的电化学作用所引起的腐蚀。

腐蚀电池的种类主要有：异种金属接触形成的腐蚀电池、浓差形成的腐蚀电池和微观腐蚀电池。例如铁片上滴有 NaCl 溶液，空气中氧溶于其液滴表面边缘处较多，液滴中部溶解氧较少（引起氧分布不均匀）。根据能斯特方程：

$$E(O_2/OH^-) = E^{\ominus}(O_2/OH^-) + \frac{0.059}{4}\lg\frac{p(O_2)/p^{\ominus}}{[c(OH^-)/c^{\ominus}]^4}$$

式中，$E$ 为电极电势；$p$ 为气体分压；$c$ 为溶液质量摩尔浓度。

$p(O_2)$越大，$E(O_2/OH^-)$就越大，此时 $p(O_2)$大处为腐蚀电池的阴极，$p(O_2)$小处为阳极。这样，氧气浓度不同而形成了浓差电池。

**2. 电化学腐蚀的分类**

腐蚀电池的两个电极称为阴极和阳极，根据阴极发生的反应不同，电化学腐蚀分为析氢腐蚀和吸氧腐蚀。

在酸性环境中，腐蚀过程中有氢析出为析氢腐蚀。

阴极反应：$2H^+ + 2e^- \Longrightarrow H_2$

在弱酸性或中性介质中，发生 $O_2$ 得电子的还原反应称为吸氧腐蚀。

阴极反应：$O_2 + 2H_2O + 4e^- \xlongequal{} 4OH^-$

**3. 金属腐蚀的防护**

金属腐蚀的防护方法很多，可以采用牺牲阳极保护法和外加电源阴极保护法；也可以采用涂料、电镀或表面钝化等使金属与介质隔绝的方法以防止腐蚀；还可以采用加入缓蚀剂等方法防止腐蚀。

有些活动性较强的金属（例如铝），氧化后在表面形成一层致密的保护膜，使金属不继续遭受腐蚀，这种现象叫作金属的钝化。但是如果保护膜被破坏，金属便继续遭到腐蚀。氯离子对铝保护膜的破坏便是一个例子。

## 三、仪器和药品

**1. 实验仪器**

稳压直流电源、试管、试管架、烧杯（50mL）、铜丝、锌片、铁片、导线、药匙、滴管、滤纸、砂纸。

**2. 实验药品**

硫酸 $H_2SO_4$（$1mol \cdot kg^{-1}$）、氯化钠 NaCl（3%）、铁氰化钾 $K_3[Fe(CN)_6]$（$0.1mol \cdot kg^{-1}$）、酚酞（1%）、硫酸铜 $CuSO_4$（$0.1mol \cdot kg^{-1}$）、纯锌粒 Zn。

## 四、实验内容

**1. 金属的电化学腐蚀**

（1）析氢腐蚀

① Zn-Cu 接触腐蚀。取一粒纯锌，小心地沿试管壁滑入试管内，再倒入 3～4mL $1mol \cdot kg^{-1}$ 的硫酸，观察有何现象？然后把一根打磨光亮的粗铜丝插入溶液中，先不接触锌粒，观察铜丝有无现象，然后将铜丝与锌粒接触，观察有何现象？说明原因并写出两极反应式。

② 微电池腐蚀。取一粒纯锌，小心地沿试管壁滑入试管内，再倒入 3～4mL $1mol \cdot kg^{-1}$ 的硫酸，然后滴入 1 滴 $0.1mol \cdot kg^{-1}$ $CuSO_4$ 溶液，振荡。观察实验现象，并写出微电池腐蚀的两极反应式。

（2）吸氧腐蚀

① Zn-Cu 在海水（3%NaCl 溶液）中的腐蚀。在试管中倒入 3%NaCl 溶液 2mL，加 1 滴酚酞指示剂，摇匀，沿试管壁小心地滑入一粒纯锌，插入一铜丝，使之与锌粒保持接触（一定要保持紧密接触），静置片刻，观察实验现象，写出两极的反应式。

② 氧的浓差腐蚀。在一试管中倒入 1/3 试管 3%NaCl 溶液，加入酚酞 1～2 滴，摇匀，静置片刻，然后把一擦净的长锌片插入溶液中，使一部分露出液面，过约 10min 后，仔细观察实验现象，说明原因，写出两极反应式。

**2. 金属腐蚀的防护**

（1）牺牲阳极保护

在一个小烧杯中加入 3%NaCl 溶液半杯，并加入 3 滴酚酞指示剂和 4 滴铁氰化钾溶液（检验 $Fe^{2+}$）搅匀，稍停片刻，然后在小烧杯中放入用导

金属腐蚀的防护

线连接已用砂纸擦净的 Fe 片和 Cu 片［见图 4-4（a）］，静置一段时间，观察实验现象，写出两极反应式。

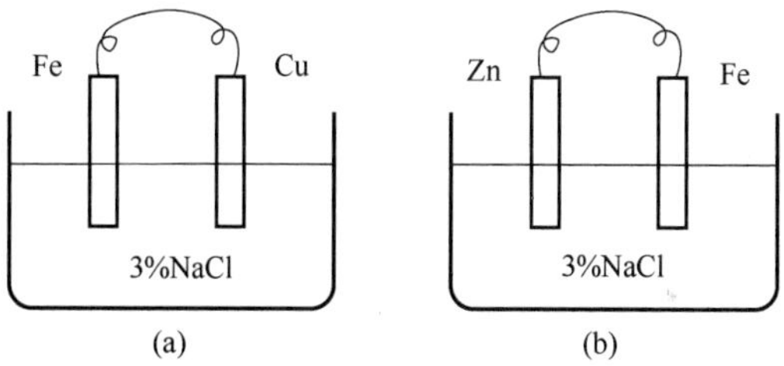


图 4-4 牺牲阳极保护法

在另一小烧杯中加入 3%NaCl 溶液半杯，并加入 3 滴酚酞指示剂和 4 滴铁氰化钾溶液，放入用导线连接的 Fe 片和 Zn 片［见图 4-4（b）］。静置一段时间，观察实验现象。写出两极反应式。

比较说明哪种情况下 Fe 片发生了腐蚀。

（2）外加电源阴极保护

在一个小烧杯中，加入 3%NaCl 溶液约半杯，并加入 4 滴铁氰化钾溶液，插入 Fe 片和 Cu 片。把 Fe 片接在外加电源的正极，Cu 片接在电源的负极［见图 4-5（a）］（注意：一定不要发生短路），静置一段时间，观察两电极颜色的变化，并写出两极反应式。

断电，把 Fe 片、Cu 片取下，用自来水冲洗干净，再放入装有半杯 3%NaCl 溶液并加入 4 滴铁氰化钾溶液的另一小烧杯中，把 Fe 片接在外加电源的负极，Cu 片接在电源的正极［见图 4-5（b）］，观察与铁接在正极时有何不同，并分析原因。

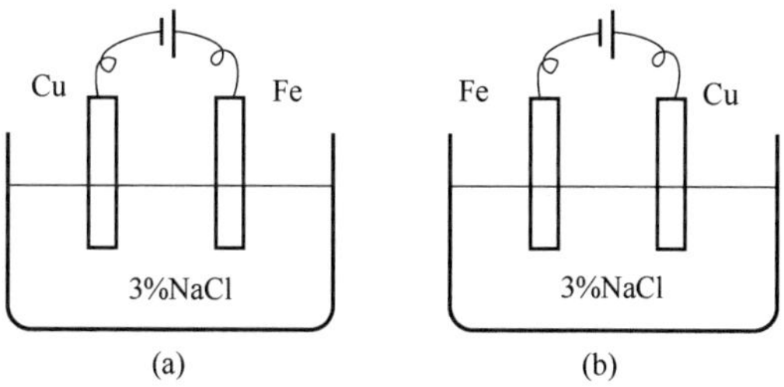


图 4-5 外加电源阴极保护法

## 五、实验数据记录

### 1. 金属的电化学腐蚀

（1）析氢腐蚀

析氢腐蚀的化学现象及反应式记录于表 4-7 中。

**表 4-7 析氢腐蚀的化学现象及反应式**

| 项目 | 现象及解释 | 反应式 |
| --- | --- | --- |
| ①Zn-Cu 接触腐蚀 | | 阳　极：<br>阴　极：<br>反应式： |

续表

| 项目 | 现象及解释 | 反应式 |
| --- | --- | --- |
| ②微电池腐蚀 | | 阳　极：<br>阴　极：<br>反应式： |

（2）吸氧腐蚀

吸氧腐蚀的化学现象及反应式记录于表 4-8 中。

**表 4-8　吸氧腐蚀的现象及反应式**

| 项目 | 现象及解释 | 反应式 |
| --- | --- | --- |
| ①Zn-Cu 在海水中的腐蚀 | | 阳　极：<br>阴　极：<br>反应式： |
| ②氧的浓差腐蚀 | | 阳　极：<br>阴　极：<br>反应式： |

### 2. 金属腐蚀的防护

（1）牺牲阳极保护

牺牲阳极保护法的现象及反应式记录于表 4-9 中。

**表 4-9　牺牲阳极保护法的实验现象及反应式**

| 项目 | 现象及解释 | 反应式 |
| --- | --- | --- |
| ①铁与铜相连 | | 阳　极：<br>阴　极： |
| ②铁与锌相连 | | 阳　极：<br>阴　极： |

（2）外加电源阴极保护

外加电源阴极保护法的现象及反应式记录于表 4-10 中。

**表 4-10　外加电源阴极保护法的实验现象及反应式**

| 项目 | 现象及解释 | 反应式 |
| --- | --- | --- |
| ①铁与外电源的正极相连 | | 阳　极：<br>阴　极： |
| ②铁与外电源的负极相连 | | 阳　极：<br>阴　极： |

## 六、思考题

1. 什么叫浓差腐蚀？在什么情况下会造成金属的浓差腐蚀？
2. 有哪些方法可防止金属腐蚀？牺牲阳极和外加电源阴极保护的原理是什么？

# 实验十九　印刷电路板的制作

现代计算机、无线电、自动控制等电子技术的迅速发展，促进了电子器件和生产工艺不断更新。过去的一些老工艺已不能满足需要，新技术、新工艺层出不穷。二十世纪初开始出现的印刷电路代替了费事、混乱、复杂的接线工艺。印刷电路已成为电子技术中一种普通的工艺过程。人们开始研制更微型更精密的分子级电路工艺。

## 一、实验目的

1. 了解化学镀的方法；
2. 了解电镀的方法。

## 二、实验原理

印刷电路是在塑料板上粘一层铜箔，用类似印刷的方法，将需要保留的图纹覆盖一层抗腐蚀性物质（如：油墨、涂料、高分子聚合物等）制成印刷电路图纹。未覆盖保护层的铜箔，用酸性腐蚀液 $FeCl_3$ 腐蚀掉，其反应方程式如下：

$$Cu + 2FeCl_3 = CuCl_2 + 2FeCl_2$$

## 三、仪器、试剂及材料

**1. 实验仪器**

滑线电阻、毫安表（0～500mA）、电导电极、烧杯（250mL）、玻璃棒、竹夹、脱脂棉、镊子。

**2. 实验试剂**

盐酸 HCl（$0.1mol \cdot kg^{-1}$）、氯化铁 $FeCl_3$（38%）、硫酸 $H_2SO_4$（10%）、双氧水 $H_2O_2$（8%）、硫化钠 $Na_2S$（4%）、化学镀银液（实验室自制）、二氰合银酸钾电镀液 $K[Ag(CN)_2]$（实验室自制）、电解钝化液（实验室自制）、汽油。

注：化学镀银液制备方法：取 50g $AgNO_3$ 溶于 500mL 去离子水，另取 20g 无水 $Na_2SO_3$ 溶于 500mL 去离子水，二者混合后生成白色沉淀，用去离子水清洗沉淀四次；取 50g 乙二胺四乙酸二钠盐溶于 250mL 去离子水，再取 50g 六次甲基四铵溶于 250mL 去离子水，将这两种溶液混合后倒入上述白色沉淀中，搅拌均匀，静止后即为化学镀银液。

$K[Ag(CN)_2]$电镀液制备方法：$K[Ag(CN)_2] \cdot 3H_2O$ 固体 20g 和 $Na_2CO_3 \cdot 10H_2O$ 6g 分别溶于适量的热水中，全部溶解后将它们混合在一起，加入 AgCl 固体 19g，煮沸 1.5h，过滤

后加水制得 1L 溶液。

电解钝化液：在 1L 去离子水中加入 56g $K_2Cr_2O_7$ 和 12g $KNO_3$，用 KOH 溶液调节 pH 为 7～8。

**3. 实验材料**

带有图纹的印刷电路板（自己设计图纹，注意两线条间不应相交）。

## 四、实验内容

**1. 腐蚀**

（1）取一片已印有图文的印刷电路板浸入 $FeCl_3$ 腐蚀液或 10%$H_2SO_4$+8%$H_2O_2$ 的水溶液中，不断搅拌，促使铜箔加速溶解。若溶解速度太慢可适当加热（温度不可超过 60℃）。待裸露的铜箔全部溶解后，取出印刷电路板用流水冲洗干净。用电极电位解释 $FeCl_3$ 溶液能腐蚀金属铜的原因。

（2）用棉花蘸汽油将印刷电路板上油墨擦洗干净，再用水冲洗。

**2. 化学镀银或电镀银（本实验任选一种）**

（1）化学镀银

① 表面清洗：用去污粉擦洗印刷电路板图纹，使铜表面光亮，在稀 HCl 中浸洗一下，再用水冲洗。

② 镀银：将印刷电路板放入化学镀银液中浸泡 1～2min。取出用毛刷轻擦一下，观察镀银层是否完整，用水洗净。

（2）电镀银

① 表面清洗：同化学镀银表面清洗。

② 镀银：用电导电极作阳极，$K[Ag(CN)_2]$作电镀液组成电镀槽，再由滑线电阻、电流表、电镀槽组成电镀电路（学生自己设计电路图）。按电流密度 $1mA \cdot cm^{-2}$ 计算电路电流，通电 3min 后取出清洗干净。

**3. 钝化处理**

银镀层的导电性较好，但容易被硫化物腐蚀而使表面变黑。经钝化处理后，在镀层表面形成一薄而透明的保护膜，提高了镀层的抗硫化能力。钝化方法一般有电解钝化与化学钝化两种。

以印刷电路板作阴极、铂作阳极组成电解槽，电流密度为 $5mA \cdot cm^{-2}$，电解时间为 3～5min。

**4. 镀层耐腐蚀实验——抗硫化能力的比较**

用 4%$Na_2S$ 溶液分别滴入经过钝化处理和未经钝化处理的银镀层，观察镀层表面的变化。

## 五、思考题

1. 在金属活泼顺序表中铜位于铁的后面，为什么 $FeCl_3$ 溶液还能溶解金属铜？
2. 写出用 $K[Ag(CN)_2]$电镀液电镀时，两极反应方程式。
3. 用 $Na_2S$ 溶液检查银镀层的耐腐蚀性的主要原因是什么？写出反应方程式。

# 实验二十　常用塑料的鉴别

塑料是一种以高分子量有机物质为主要成分的材料，它在加工完成时呈现固态形状，在制造以及加工过程中，可以借流动来造型。塑料的主要成分是合成树脂。树脂这一名词最初是由动植物分泌出的脂质而得名，如松香、虫胶等，目前树脂是指尚未和各种添加剂混合的高聚物。树脂占塑料总质量的 40%～100%。塑料的基本性能主要取决于树脂的本性，但添加剂也起着重要作用。有些塑料基本上是由合成树脂所组成的，不含或少含添加剂，如有机玻璃、聚苯乙烯等。

## 一、实验目的

1. 学会几种常用的简便识别塑料的方法；
2. 通过几种检查方法，对常见塑料能初步加以区别。

## 二、实验原理

塑料的成分不同，则性质各异，所以其用途、外表感官亦不同。在火焰反应中，其焰色、燃烧状态、气味等有很大区别；在不同的溶剂中溶解的情况也不相同，据此将塑料可初步地加以区别。

## 三、仪器、试剂及材料

### 1. 实验仪器

酒精灯、镊子、点滴板、玻璃棒、吸管、火柴。

### 2. 实验试剂及材料

常用塑料（聚氯乙烯、聚乙烯、聚丙烯、聚苯乙烯、ABS、有机玻璃）、二氯甲烷、甲苯、丙酮、二甲基甲酰胺等。

## 四、实验内容

### 1. 按用途的初步判断

按一般规律，透明性好的硬质塑料制品多半是有机玻璃、聚苯乙烯和聚碳酸酯的，例如三角尺、眼镜框等。灰色的塑料圆管与板材通常是硬聚氯乙烯的。而塑料雨衣、布、床单、电线套管吹塑玩具、大部分塑料凉鞋底、拖鞋等多为软聚氯乙烯。塑料桶、塑料水管、水杯、食品袋、药用包装瓶及瓶塞则是聚乙烯和聚丙烯。牙刷柄、茶盘、糖盒、衣夹、自行车和汽车灯罩、硬质儿童玩具等大多数是聚苯乙烯的。包装仪器、仪表的硬质泡沫塑料，包装用品以及充气鼓泡塑料包装用品是聚丙烯的。机械设备上的齿轮大部分是尼龙的，也有 ABS 的。汽车方向盘、电器开关，以前的仪表外壳多半是酚醛热固性塑料。输油管、氧气瓶是环氧或不饱和聚酯玻璃钢的增强塑料。半导体、电视机、计算机、洗衣机、仪表等壳体现在都是由耐冲击性能好的 ABS 塑料制造的。泡沫塑料（软）有聚苯乙烯的和聚氨酯的。

**2. 按塑料的外表感官区别**

塑料根据外表感官的区分见表 4-11。

表 4-11 塑料按外表感官的区分

| 塑料名称 | 看 | 摸 | 听 |
| --- | --- | --- | --- |
| 聚乙烯 | 乳白色半透明 | 有蜡状滑腻感、质轻、柔软能弯曲 | 声音绵软 |
| 聚丙烯 | 乳白色半透明 | 润滑无油腻感 | — |
| 聚苯乙烯 | 光亮透明 | — | 敲击清脆似金属声、易脆裂 |
| 有机玻璃 | 光亮透明 | 表面光滑 | 声音发闷 |
| 硬聚氯乙烯 | 平滑坚硬 | 表面光滑 | 声音闷而不脆 |
| 软聚氯乙烯 | 柔软而有弹性 | 表面光滑 | 声音绵软 |
| 酚醛塑料 | 深色不透明 | 表面坚硬 | 敲击声似木板 |

**3. 燃烧火焰法**

该法是用镊子把样品夹住，然后慢慢伸向火焰（酒精灯或煤气灯）边缘，观察可燃性，自熄性，火焰色泽，烟尘浓淡，闻其气味，从而判断是何种塑料。

（1）聚氯乙烯及其共聚物。能够燃烧但离开火焰即自熄，火焰为黄色有黑烟，有氯化氢的辣味。因为共聚物中有各种添加剂，现象可能稍有变化。

（2）聚乙烯和聚丙烯。能在火焰中燃烧，样品离开火焰仍可自由燃烧，有燃着的蜡烛气味，火焰上端为黄色，底部为蓝色，样品熔化成点滴状燃烧。聚丙烯燃烧时黑烟稍多，无蜡烛气味。

（3）聚苯乙烯。样品离开火焰后仍能自由燃烧，样品加热后变软，火焰呈亮黄色并带有浓黑烟，有甜的花香味。

（4）有机玻璃。样品离开火焰后，仍能自由燃烧，但火焰下部为蓝色，上部为黄色，燃烧时在样品表面有气泡产生，带有特殊气味。

（5）ABS 树脂。在火焰上燃烧呈黄色火焰，有较浓的黑烟，无燃烧液滴，有烧焦的羽毛味。

（6）酚醛热固性塑料。离开火焰即自熄，有苯酚和烧焦的木材或纸张气味。

**4. 塑料在有机溶剂中的溶解情况**

塑料在有机溶剂中的溶解情况见表 4-12。

表 4-12 塑料在有机溶剂中的溶解情况

| 塑料 | 可溶 | 不溶 |
| --- | --- | --- |
| 聚氯乙烯 | 二甲基甲酰胺 | 甲苯、二氯甲烷、丙酮 |
| ABS | 二氯甲烷 | 甲苯、丙酮 |
| 聚苯乙烯 | 甲苯、二氯甲烷 | |
| 有机玻璃 | 甲苯、二氯甲烷 | |

续表

| 塑料 | 可溶 | 不溶 |
| --- | --- | --- |
| 聚乙烯 | 甲苯（80℃） | |
| 聚丙烯 | 甲苯（90℃） | |
| 热固性酚醛树脂 | 酰胺 200℃、热碱 | |

## 五、思考题

1. 对一般塑料可以从哪几方面区分？
2. 聚乙烯和聚丙烯都是乳白色半透明，如何进一步区分？
3. 聚苯乙烯和有机玻璃都光亮透明，如何进一步区分？
4. 常用的聚氯乙烯和聚乙烯如何加以区分？

# 附录

# 常用仪器及其使用方法

## 附录一　称量仪器

准确称量是化学实验中最基本的操作之一。称量仪器主要包括分析天平和称量瓶等。

### 一、分析天平

分析天平是进行精确称量时最常用的仪器。分析天平种类很多，如普通分析天平、空气阻尼天平、半自动电光天平、全自动电光天平、单盘天平、电子分析天平等。充分地了解分析天平的构造和使用方法，是做好定量分析实验的基本保证。这里介绍实验室目前正在使用的AE200电子分析天平。

电子天平（如图1）是基于电磁学原理制造的最新一代天平，可直接称量，不需要砝码，具有自动调零、校准、扣皮重、显示读数等功能。操作简便，称量速度快。

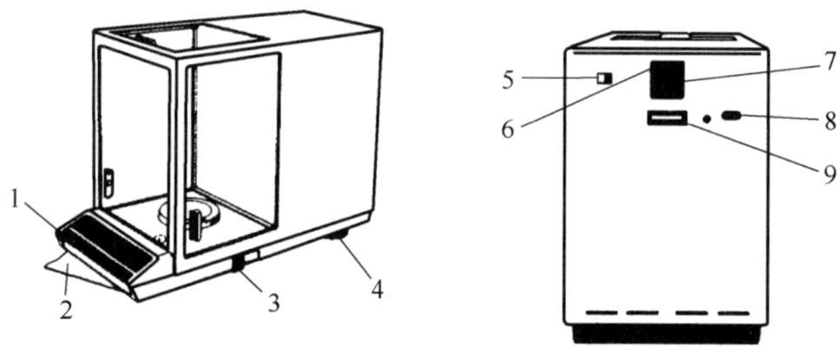


图1　AE200电子分析天平结构图

1—单控制杆；2—简单操作说明；3—校准杆；4—水平位调校螺丝；5—交流电压选择开关；6—保险丝座；7—电源插口；8—脚踏厂手掣开关插口；9—数据接口

**1. 电子天平的测量原理**

电子天平的测量原理如图2所示，将天平传感器的平衡结构简化为一杠杆。杠杆以支点 $O$ 为支撑，左边是秤盘，右边连接线圈即零位指示器。零位指示器置于一固定位置，天平空载时，杠杆始终趋于某一位置，即天平的零点。当天平加载物体时，杠杆偏离零点，零点指示器产生偏差信号，通过放大和PID（比例、积分、微分调节）来控制流入线圈的电流 $I$，使之增大，位于磁场中的通电线圈将产生电磁力 $F$，由于通电线圈位于恒定电场中，所以电磁力 $F$ 也相应增大，直到电磁力 $F$ 的大小与加载物体的质量相等，偏差消除，杠杆重新回到天平的零点。即恒定磁场中通过线圈的电流强度 $I$ 与被测物的质量成正比，只要测定流入线圈的电流强度 $I$，就可知被测物体的质量。

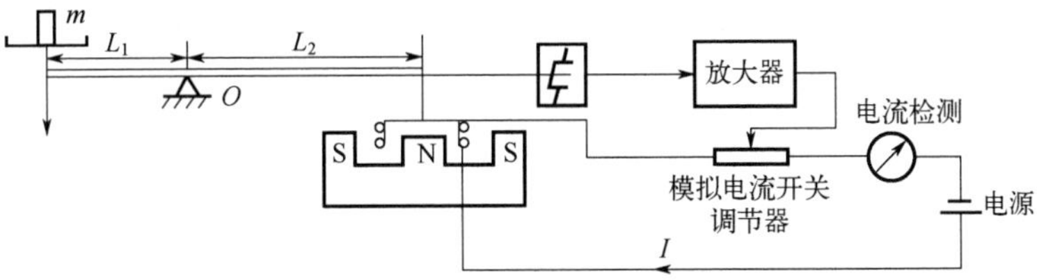


图 2　电子天平测量原理示意图

### 2. AE200 电子分析天平的技术性能指标

AE200 电子分析天平的技术性能指标见表 1。

表 1　AE200 电子分析天平的技术性能指标

| 参数 | 数值 | 参数 | 数值 |
|---|---|---|---|
| 读数精度 | 0.1mg | 5g 时线性 | ±0.02mg |
| 称量范围 | 0～205g | 10g 时线性 | ±0.1mg |
| 重复性（标准偏差） | 0.1mg | 外型尺寸（$w$×$d$×$h$）/mm | 205×410×290 |
| 线性 | ±0.2mg | 秤盘尺寸/mm | $\phi$80 |

### 3. AE200 电子分析天平的使用方法

（1）调节水平位置。把秤盘安装在天平上，将锥形轴放入下锥形孔，调节两颗水平螺丝，使水平显示器中的气泡位于圆圈的正中央。天平在每次移动或重新放置后，必须调节水平和校准。调节水平方法为：水平泡在“12 点”时，逆时针调节两只调节脚；水平泡在“3 点”时，顺时针调节左调节脚，逆时针调节右调节脚；水平泡在“6 点”时，顺时针调节两只调节脚；水平泡在“9 点”时，逆时针调节左调节脚，顺时针调节右调节脚。

（2）开启天平及去皮。只需按动单控制杆，即可去皮。此外控制杆还可以开启及关闭显示。在使用控制杆关闭天平时，只会把显示熄灭，只要电源接通，天平的电子电路仍保持通电预热状态，随时可恢复操作，节省预热时间。

天平的单控制杆开关的具体操作如下：

开启：按一次控制杆后，所有的显示组件均会发亮数秒：“88888888”，可借此检查显示的功能，其后，0.0000 便会显示。

关闭：把控制杆轻轻抬起，即可关闭显示。如天平的显示为 OFF 字样，只须再按一次控制杆，即可显示 0.0000。

（3）去除皮重。把容器放置在秤盘上，其质量即显示。按一次控制杆，显示消失，然后出现 0.0000 字样，容器的质量即被扣除。此时可供称量的范围为选定的称量范围减去容器质量。

（4）单控制杆操作。天平只设一条控制杆。此控制杆不但能开关显示，还能扣除皮重和调整天平。为求达到最佳工作状态，只需把天平顺序调整。调整循环由按动控制杆开始，工作状态模式在调整显示中以简写名称表示，一旦选中某一工作状态，立即放开控制杆，再快速按一次即可选择不同的常数（校准除外）。

## 二、称量瓶

称量瓶是一种圆柱形玻璃容器，带有磨口玻璃塞（如图 3）。其质量较轻，可直接在天平上称量。通常，无论是空的还是装有试样的称量瓶都存放在玻璃干燥器中，使用时才从干燥器中取出。称量易吸水、易氧化和易吸收二氧化碳的固体粉末样品以及同一样品需要称量多份时，往往采用称量瓶进行称量。从干燥器中取放称量瓶时，要戴细纱手套，或用洁净干燥的纸条套住瓶身和瓶盖夹取，以免手指上的油污沾污称量瓶，影响称量结果的准确度。从称量瓶中倒出固体粉末样品时，应在准备盛放样品的实验用容器上方进行操作。这时左手握住称量瓶，右手拿着瓶盖，让称量瓶口稍微倾斜向下，并用瓶盖轻轻敲打称量瓶口上缘，逐渐倒出样品（如图 4）。当倒出的样品估计与要求的样品数量差不多时，慢慢地把称量瓶竖起。瓶口向上，并再用瓶盖轻轻敲打瓶口，让剩余样品全部返回称量瓶内，盖好瓶盖，再放到天平秤盘上进行称量。如果倒出的样品不够要求的质量，可以再倒，直到倒出样品称量后满足所要求的质量。如果倒出的样品太多，超出实验要求的范围很多，只能弃去，再重称一份，千万不要把多倒出的样品再倒回称量瓶，以免污染称量瓶内的样品。称量瓶大多在减量法称量物体质量时使用。

图 3　称量瓶

图 4　从称量瓶中倒出试样

# 附录二　滴定分析仪器

滴定分析法是化学定量分析中最常用、最基本的分析方法，通常采用的仪器主要有滴定管、容量瓶、移液管和锥形瓶。

## 一、滴定管

滴定管主要是滴定时用来精确量度液体的量器，它的主要部分管身用细长而且内径均匀的玻璃管制成，上面刻有均匀的分度线（线宽不超过 0.3mm），下端的流液口为一尖嘴，中间通过玻璃旋塞或乳胶管连接以控制滴定速度。通常实验室中见到的有具塞和无塞滴定管。常用的是 10mL、25mL、50mL 容量的滴定管。

滴定管根据阀门的不同一般分为两种（如图5）：一种是酸式滴定管，它的阀门是玻璃活塞［如图5（a）］，另一种是碱式滴定管，它的阀门是玻璃小球［如图5（b）］。对于酸式滴定管，旋转玻璃活塞（切勿将活塞横向移动，以致活塞松开或脱出，使液体从活塞旁边漏失），可使液体沿活塞当中的小孔流出，酸式滴定管不能盛放碱性溶液，因磨口玻璃旋塞会被碱性溶液腐蚀，而难以转动。若要量度对玻璃有腐蚀作用的液体（如碱液），则用碱式滴定管。碱式滴定管不能存放氧化性的溶液，如 $KMnO_4$、$I_2$ 等，避免橡胶管与溶液起反应。使用碱式滴定管，用大拇指与食指稍微捏挤玻璃小球旁侧的乳胶管，使之形成一缝隙，液体即可从缝隙流出。

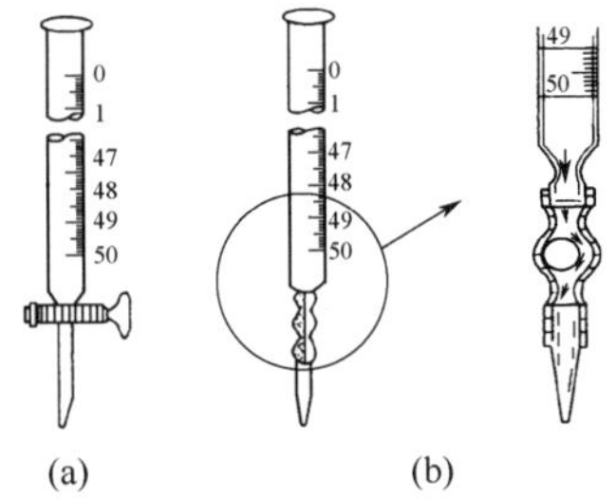


图5　滴定管

酸式滴定管的使用　碱式滴定分析管的使用

**1. 滴定管使用前的准备**

（1）洗涤。洗涤滴定管时，一般用自来水冲洗，零刻度以上的部位，可以用毛刷蘸肥皂水或洗涤剂洗刷（避免使用去污粉）；零刻度以下部位如不能冲洗干净，则采用洗液洗涤，其操作方法是：注入10mL左右洗液（碱式滴定管应除去乳胶管，套上废乳胶头后再注入洗液），双手平托滴定管两端，管口对准洗液瓶，不断转动滴定管，使洗液润洗滴定管内壁（太脏时，可浸泡一段时间），然后将洗液分别从管两端全部放回洗液瓶。最后用自来水冲洗干净，并用适量的去离子水润洗2～3次。洗净的滴定管等玻璃量器，其内壁应能被水均匀湿润而不挂水珠。

（2）涂凡士林。酸式滴定管洗净后，取下旋塞，将滴定管平放，用吸水纸擦干净旋塞与旋塞槽，用手指蘸少量凡士林在旋塞的两头，涂上薄薄一层（图6）。在旋塞孔附近应少涂凡士林，以免堵住旋塞孔（注意，涂油太多会堵住旋塞口，涂油太少则达不到转动灵活与防漏的目的）。涂凡士林后，将旋塞孔与滴定管平行插入旋塞套中，不要转动旋塞，以免凡士林被挤压到旋塞孔中，塞紧旋塞并同向旋转几下，使凡士林涂布均匀，观察旋塞与旋塞槽接触的地方是否都呈透明状态，转动是否灵活。为避免活塞被碰松动脱落，涂凡士林后的滴定管应在活塞末端套上小橡胶圈。

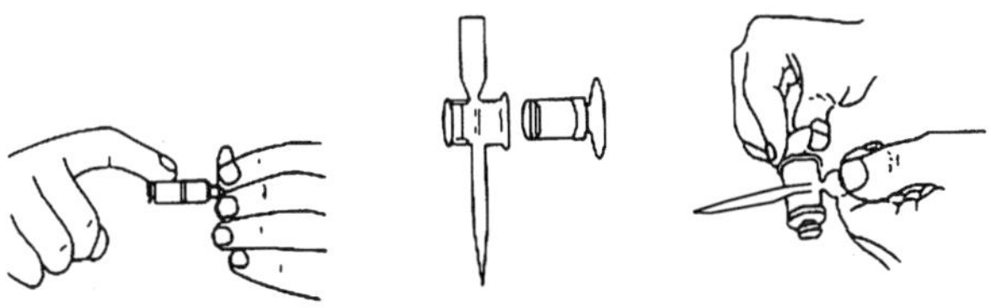

图6　活塞涂凡士林的方法

（3）检漏。酸式滴定管应将旋塞关闭，将滴定管装满水后垂直架放在滴定管夹上，放置2min，观察管口及旋塞两端是否有水渗出。随后将旋塞转动180°，再放置2min，看是否有水渗出。若前后两次均无水渗出，旋塞转动也灵活，则可使用，否则应将旋塞取出，重新按上述要求涂凡士林并检漏后方可使用。碱式滴定管应选择大小合适的玻璃珠和橡胶管，并检查滴定管是否漏水，液滴是否能灵活控制，如不符合要求则重新调换大小合适的玻璃珠。

（4）装入操作溶液。加入操作溶液时，应用待装溶液先润洗滴定管，以除去滴定管内残留的水分，确保操作溶液的浓度不变。为此，先注入操作溶液约 10mL，然后两手平端滴定管，慢慢转动，使溶液流遍全管，打开滴定管的旋塞（或捏挤玻璃珠），使润洗液从出口管的下端流出。如此润洗 2～3 次后，即可加入操作溶液于滴定管中。注意检查旋塞附近或橡胶管内有无气泡，如有气泡，应排出。酸式滴定管可转动旋塞，使溶液急速冲下排出气泡；碱式滴定管则可将橡胶管向上弯曲，并用力捏挤玻璃珠所在处，使溶液从尖嘴喷出，即可排出气泡。排出气泡后，加入操作溶液，使之在“0”刻度以上，1～2min 后，再调节液面在 0.00mL 刻度处，备用。滴定时最好每次都从 0.00mL 开始，或从接近“0”的任一刻度开始。这样可固定在滴定管某一体积范围内滴定，减少体积误差。如液面不在 0.00mL 处，则应记下初读数。

**2. 滴定操作**

滴定最好在锥形瓶中进行，必要时也可在烧杯中进行。酸式滴定管滴定的姿势如图 7 所示，用左手控制滴定管的旋塞，大拇指在前，食指和中指在后，无名指略微弯曲，轻轻向内扣住旋塞，手心空握，以免旋塞松动，甚至顶出旋塞；右手握持锥形瓶，边滴边摇动，向同一方向做圆周旋转，而不能前后振动，否则会溅出溶液。滴定速度一般为 $10mL \cdot min^{-1}$，即 3～4 滴每秒。临近滴定终点时，应一次加入一滴或半滴，并用洗瓶吹入少量水淋洗锥形瓶内壁，使附着的溶液全部落下，然后摇动锥形瓶，如此继续滴定至准确达到终点。

图 7　酸式滴定管操作

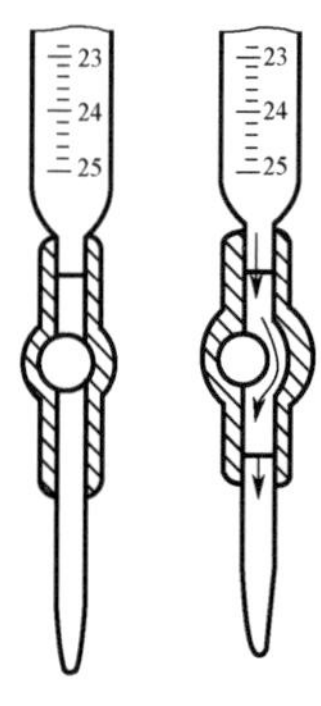


图 8　碱式滴定管操作

使用碱式滴定管时，左手拇指在前，食指在后，捏住橡胶管中的玻璃珠所在部位稍上处，捏挤橡胶管，使其与玻璃珠之间形成一条缝隙，溶液即可流出。但注意不能捏挤玻璃珠下方的橡胶管，否则空气会进入而形成气泡。滴定读数时，若发现尖嘴内有气泡必须小心排出（如图 8）。

**3. 滴定读数时的注意事项**

（1）滴定管应垂直地夹在滴定台上，操作者要坐正或站正，由于一般滴定管夹不能使滴定管处于垂直状态，所以可从滴定管夹上将滴定管取下，一手拿住滴定管上部无刻度处，使滴定管保持自然垂直再进行读数。视线与零线或弯液面（滴定读数时）在同一水平面。

（2）对于无色溶液或浅色溶液，应读取弯月面下缘实线的最低点，即视线与弯月面下缘实线的最低点应在同一水平面上（如图 9）；对于有色溶液，如 $KMnO_4$、$I_2$ 溶液等，视线应与液面两侧和管内壁相交的最高点相切。

（3）为了协助读数，可采用读数卡，这种方法有利于初学者练习读数。读数卡可用黑纸或涂有黑长方形的白纸制成。读数时，将读数卡放在滴定管背后，使黑色部分在弯月面下约 1mm 处，此时即可看到弯月面的反射层成为黑色，然后读此黑色弯月面下缘的最低点（如图 10）。

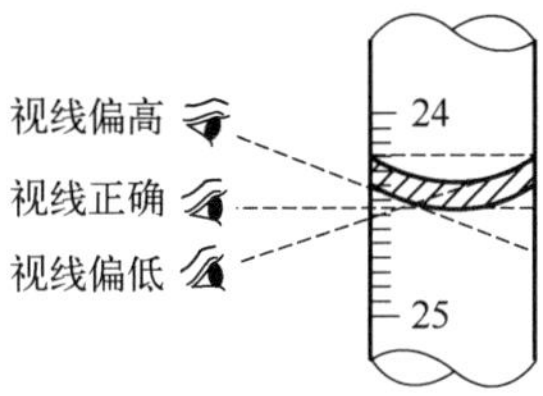


图 9　滴定管的正确读数法

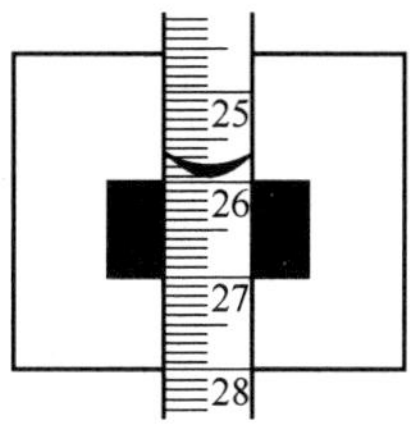


图 10　使用黑白读数卡读数

（4）读数必须精确至 0.01mL，如读数应为 21.24mL。实验完毕后，滴定溶液不宜长时间放在滴定管中，应将管中的溶液倒掉，用水洗净后再放入仪器柜或倒夹在滴定管架上。

## 二、容量瓶

容量瓶是一种带有磨口玻璃塞或塑料塞的细颈梨形平底瓶（如图 11）。容量瓶的颈部有一刻度线，在标示温度下，当瓶内溶液的液面（呈弯月面）恰好与这一刻度线相切时，瓶内溶液的体积就是容量瓶上所标示的体积。容量瓶主要用于准确配制一定体积的标准溶液或试液，常与分析天平、移液管等配合使用。容量瓶的规格有 50mL、100mL、250mL 等。

### 1. 容量瓶使用前的准备

（1）洗涤。使用容量瓶配制准确浓度的标准溶液时，要先把容量瓶洗净，通常依次分别用洗液、自来水和去离子水洗净。洗净的容量瓶其内壁应不挂水珠，水均匀润湿容量瓶的内壁。

（2）检漏。容量瓶使用前应检查是否漏水，方法是注入自来水至标线附近，盖好瓶塞，右手拿住瓶底，左手食指压住瓶塞，将瓶倒立，观察瓶塞周围是否渗水，如不漏水即可使用。

### 2. 操作方法

（1）溶解。把准确称量的一定量固体溶质放入已分别用自来水、去离子水洗净的烧杯中，并加入少量去离子水使其溶解。

（2）定量转移。把溶解所得溶液按图 12 所示的方法，一手拿玻璃棒，并将它伸入瓶中约 3～4cm，一手拿烧杯，烧杯嘴紧靠玻璃棒，慢慢倾斜烧杯，使溶液沿玻璃棒流下。倾倒完溶液后，烧杯沿玻璃棒直立起来上移 1～2cm，并将玻璃棒小心放回烧杯中，但不得靠在烧杯嘴上。可用食指卡住玻璃棒，以免玻璃棒来回滚动。然后用少量蒸馏水冲洗烧杯及玻璃棒 3～4 次，洗涤液全部转入容量瓶。

（3）定容。当溶液盛至约 3/4 容积时，应将容量瓶摇晃作初步混匀，但切勿倒置容量瓶。最后，继续加水稀释，当瓶内溶液液面快接近刻度线时，应该改用胶头滴管小心逐滴地把去离子水加到刻度线，这时瓶内溶液弯月面应与刻度线相切。塞紧磨口瓶塞，用右手食指按住瓶塞，其他四指拿住瓶颈，倒转过来，使气泡上升到顶（如图 13），把容量瓶上下来回翻转，并不时地摇动，使配制的溶液浓度完全均匀。

若是浓溶液稀释，则直接用移液管转移定量溶液至容量瓶，再用蒸馏水稀释定容。

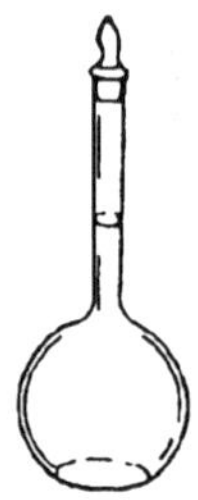

图 11　容量瓶

图 12　溶液定量转移操作

图 13　混匀操作

**3. 容量瓶使用时的注意事项**

（1）容量瓶不能放入烘箱中烘烤或电炉直接加热，也不能直接转入热溶液。应冷至室温后，才能注入容量瓶中，或冷至室温后才能稀释至标线，否则会造成体积误差。

（2）容量瓶只能用于配制标准溶液或试样溶液，不得长期存放溶液，尤其是碱性溶液，不可在容量瓶中久储。若需要长期存放溶液，可将溶液转移到试剂瓶中（根据需要采用无色瓶、棕色瓶或聚氯乙烯塑料瓶），对需避光的溶液应使用棕色试剂瓶。

（3）容量瓶用后应立即冲洗干净，如长期不用，其磨口处应擦干净并加垫小纸片，以防粘紧磨口塞。

## 三、移液管

移液管是用来准确移取一定体积溶液的量具（如图 14）。常用的移液管是中间有一膨大部分（称为球部）的玻璃管，管颈上部刻有一圈标线。在一定温度下，管颈上端标线至下端出口间的容积是一定的，如有 10mL、25mL、50mL 等。根据不同需要，选用不同规格的移液管。

**1. 润洗**

使用移液管时，通常要先依次用洗液、自来水、去离子水洗净，并且还要用少量要移取的溶液润洗 2～3 次，以保证所移溶液的浓度不变。一般洗涤移液管总是先用小烧杯取少量洗涤液，用洗耳球使移液管从小烧杯中吸入少量洗涤液（5～10mL），把移液管用双手端平，并水平转动移液管，使管内洗涤液润洗移液管内壁，然后把洗过的洗涤液从移液管下端出口放出（如图 15）。

图 14　移液管

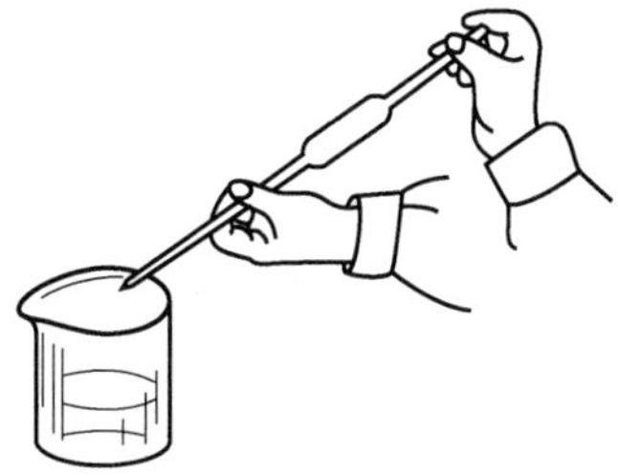

图 15　移液管的润洗

**2. 操作方法**

使用移液管移取溶液的操作，一般是用右手大拇指和中指拿住移液管管颈上端，把移液管下端管口插入装有要移取的溶液的小烧杯中，左手拿洗耳球。先把洗耳球内空气挤出，然后把洗耳球的出口尖端紧压在移液管上端管口上，慢慢松开紧握洗耳球的左手，使要移取的溶液吸入移液管内，当移液管内溶液液面升高到移液管上端管颈刻度标线以上时，立即拿开洗耳球，并马上用右手食指按住移液管上端管口，然后稍微放松食指，同时用大拇指和中指转动移液管，使移液管内液面慢慢下降，直至管内溶液的弯月面与管颈上端刻度标线相切［如图 16（a）］，立即用食指按紧移液管上端管口，从小烧杯中取出移液管。把装满溶液的移液管垂直放入已洗净的锥形瓶中，使移液管下端出口紧靠在锥形瓶内壁上，锥形瓶略倾斜，然后松开食指，让移液管内溶液自然流入锥形瓶中［如图 16（b）］。当移液管内溶液流完后，还需停留约 15s，才将移液管从锥形瓶中拿出。此时移液管下端出口可能还会剩余少量溶液［如图 16（c）］，切不可用洗耳球将它吹入锥形瓶中，因为在制造移液管校正它的容积刻度时，就没有把这点溶液计算在内。

此外，为了精确地移取小量的不同体积（如 1.00mL、2.00mL、5.00mL 等）的液体，也常用标有精细刻度的吸量管（如图 17）。吸量管的使用方法与移液管相似。

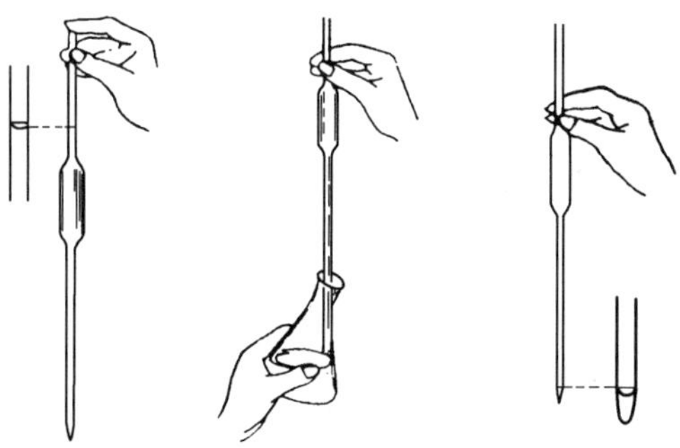

(a)　(b)　(c)

图 16　移液管的使用方法

移液管和吸量管的使用

图 17　吸量管

## 四、锥形瓶

锥形瓶是圆锥形的平底玻璃瓶（如图 18），有 25mL、50mL、100mL 等各种规格。滴定分析中通常用锥形瓶盛放移液管准确移取的被滴定的溶液，同时锥形瓶便于滴定操作中做圆周转动，使从滴定管中滴入的溶液与被滴定溶液均匀混合，充分反应，而不会使溶液溅出瓶外。

滴定分析时，对锥形瓶的洗涤要求与滴定管、移液管不完全相同，洗涤锥形瓶只需依次用去污粉（或洗液）、自来水、去离子水洗净，不能用所装溶液润洗。

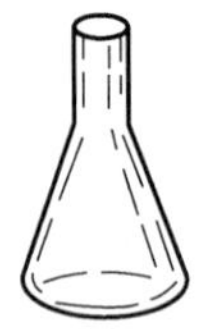

图 18　锥形瓶

# 附录三　酸度计

酸度计（也称 pH 计）是一种电化学测量仪器，主要用于测量水溶液的酸度（即 pH），还可用于测量多种电极的电极电势。

## 一、酸度计的组成

酸度计有多种型号，不同型号结构稍有差别，但原理相同。不同类型的酸度计都是由测量电极、参比电极和精密电位计三部分组成的。两个电极插入待测溶液组成电池，参比电极作为标准电极提供标准电极电势，测量电极（指示电极）的电极电势随 $H^+$的浓度而改变。因此，当溶液中的 $H^+$浓度变化时，电动势就会发生相应变化。

**1. 参比电极**

参比电极中最常用的是甘汞电极，其电极符号为 $Pt|Hg|Hg_2Cl_2|Cl^-(c)$，其基本结构如图 19 所示，它是由金属汞、$Hg_2Cl_2$（甘汞）和 KCl 溶液组成的。在电极玻璃管内装有一定浓度的 KCl 溶液（如饱和甘汞电极中装有饱和 KCl 溶液），溶液中还装有一作为内部电极的玻璃管，此管内封接一根铂丝插入汞中，汞下面是汞与甘汞混合的糊状物，底端有多孔物质与外部 KCl 溶液相通。甘汞电极下端用多孔玻璃砂芯与被测溶液隔开，但能使离子传递。

其电极反应为：

$$Hg_2Cl_2(aq) + 2e^- \Longrightarrow 2Hg^+(aq) + 2Cl^-(aq)$$

甘汞电极的电极电势与电极中的 KCl 浓度和温度有关：

$$E(Hg_2Cl_2 \mid Hg) = E^\ominus(Hg_2Cl_2 \mid Hg) - \frac{RT}{F}\ln[c(Cl^-)/c^\ominus]$$

式中，$E$ 为电极电势；$R$ 为摩尔气体常数；$T$ 为温度；$c$ 为质量摩尔浓度。

25℃时饱和甘汞电极的电极电势值为 0.2415V。当温度为 $t$℃时，该电极的电极电势为：

$$E(Hg_2Cl_2 \mid Hg) = 0.2415 - 7.6\times10^{-4}(t-25)$$

由此式可知该值不受待测溶液的 pH 影响，在任何酸度的被测溶液中均保持恒定值。

2. 测量电极

酸度计中的测量电极一般使用玻璃电极，其结构如图 20 所示。玻璃电极的外壳用高阻玻璃制成，其下端为由特殊玻璃薄膜制成的玻璃球泡（膜厚约为 0.1mm），称为电极膜，它对氢离子有敏感作用，是决定电极性能的重要组成部分。玻璃球内装有 $0.1mol \cdot L^{-1}$ 的 HCl 内参比溶液，溶液中插有一支 Ag-AgCl 内参比电极。将玻璃电极插入待测溶液中，便组成了原电池的一极： $Ag|AgCl(s)|HCl(0.1mol \cdot L^{-1})$ | 玻璃膜 | 待测溶液。

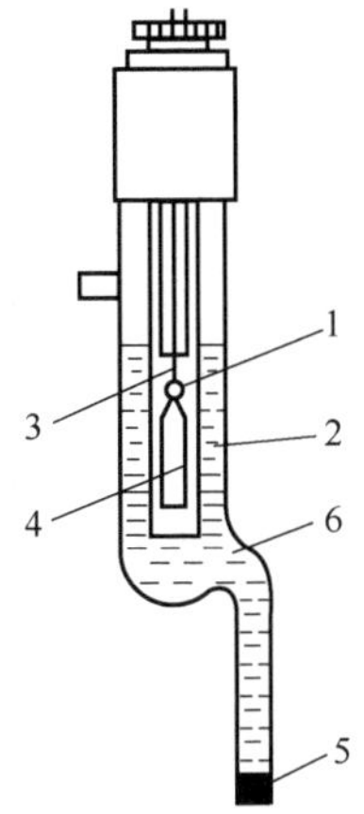

图 19 甘汞电极

1—导线；2—绝缘体；3—内部电极；4—乳胶帽；5—多孔物质；6—饱和 KCl 溶液

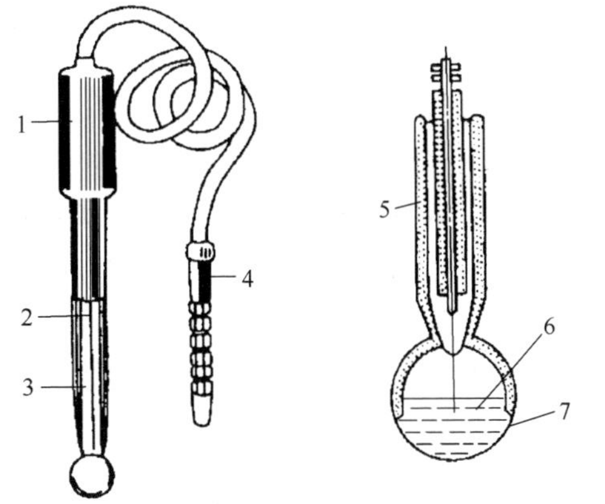

图 20 玻璃电极

1—电极帽；2—内参比电极；3—缓冲溶液；4—电极插头；5—高阻玻璃；6—内参比溶液；7—玻璃膜

玻璃膜把两个不同 $H^+$浓度的溶液隔开，在玻璃和溶液接触界面之间产生一定的电势差。由于玻璃电极中内参比电极的电势恒定，所以在玻璃和溶液接触面之间形成的电势差，就只与待测溶液的 pH 有关，即 25℃时：

$$E_{玻璃} = E^{\ominus}_{玻璃} - 0.0592pH$$

玻璃电极在使用前必须在蒸馏水中浸泡 24h 进行活化，测量完毕后仍需浸泡在蒸馏水中。长期不用时，将电极保护套套上，保护套内应放少量 $3.3mol \cdot L^{-1}$ KCl 溶液，以保持电极球泡的湿润，并将玻璃电极放入盒内保存。

玻璃电极具有使用方便，可测定有色的、浑浊的或胶体溶液的 pH，测定时不受溶液中氧化剂或还原剂的影响，而且测定操作不对试液造成破坏等优点。缺点是电极头部球泡非常薄，容易破损，使用时要特别小心。玻璃电极的玻璃球在使用时不能沾有油污，如果发生污染，应按酒精—乙醚（或四氯化碳）—酒精—去离子水的顺序进行浸泡和淋洗。如果测强碱性溶液的 pH，测定时要快速操作，用完后立即用水洗涤玻璃球泡，以免玻璃薄膜被腐蚀。

## 二、酸度计的测量原理

酸度计测 pH 的方法是电势测定法。它是将测量电极（玻璃电极）与参比电极（饱和甘汞电极）一起浸在被测溶液中，组成一个原电池。由于饱和甘汞电极的电极电势不随溶液 pH 变化，在一定温度下是一个定值，而玻璃电极的电极电势随溶液 pH 的变化而改变，在 25℃时，电池的电动势为：

$$E = E_+ - E_- = E_{甘汞} - E_{玻璃} = E^{\ominus}_{甘汞} - (E^{\ominus}_{玻璃} - 0.0592\text{pH})$$

所以，

$$\text{pH} = \frac{E - (E^{\ominus}_{甘汞} - E^{\ominus}_{玻璃})}{0.0592} = \frac{E - E^{\ominus}}{0.0592}$$

由于电极不对称电势的存在，用玻璃电极测定溶液的 pH 时一般采用比较法测定，通常是使用一个已知 pH 的标准缓冲溶液进行定位，即用酸度计测定其电动势 $E$，由 $E^{\ominus}_{甘汞} - E^{\ominus}_{玻璃}$ 求常数 $E^{\ominus}$，然后就可根据待测溶液的 $E$ 值，换算出该溶液的 pH。酸度计已将电动势 $E$ 用 pH 表示，因此可在酸度计上直接读取溶液的 pH。实际测定时先测一个已知 pH 的标准缓冲溶液得到一读数，然后测未知溶液得到另一读数，这两读数之差就是两种溶液 pH 之差。由于其中一个是已知的，所以另一个可算出。为方便起见，在仪器上使用定位调节器来抵消电极的不对称电势。当测量标准缓冲溶液时，利用定位调节器把指示电表指针调整到标准缓冲溶液的 pH 上，这样就使以后测量未知溶液时，指示电表指针的读数就是未知溶液的 pH，省去了计算手续。通常把前面一步称为“校准”，后面一步称为“测量”。一台已经校准过的 pH 计，在一定时间内可以连续测量许多未知液，但如果玻璃电极的稳定性还没有完全建立，经常校准还是必要的。

## 三、pHS-3C 型酸度计的结构及使用方法

pHS-3C 型酸度计（如图 21）是一台精密数字显示酸度计，它采用 3 位半十进制 LED 数字显示。该机适用于大专院校、研究院所、工矿企业的化验室取样测定水溶液的 pH 和电位（mV）值。此外，还可配上离子选择性电极，测出该电极的电极电位。

图 21　pHS-3C 型酸度计外观图

**1. 仪器结构**

（1）仪器主机

pHS-3C 的外型结构如图 22 所示。

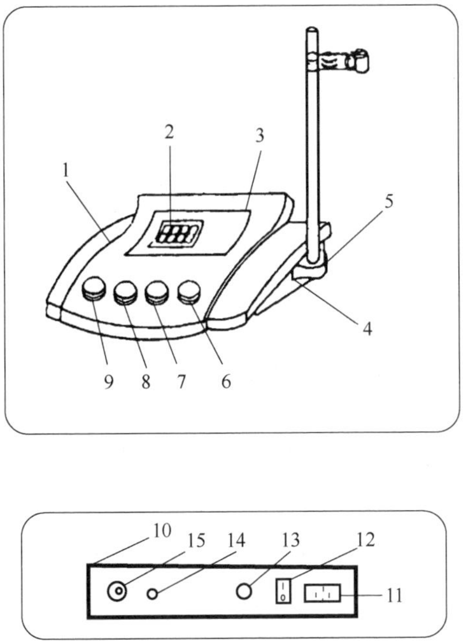


图 22　pHS-3C 型酸度计外型结构

1—机箱盖；2—显示屏；3—面板；4—机箱底；5—电极梗插座；6—定位调节旋钮；7—斜率补偿调节旋钮；8—温度补偿调节旋钮；9—选择开关旋钮（pH、mV）；10—仪器后面板；11—电源插座；12—电源开关；13—保险丝；14—参比电极接口；15—测量电极插座

（2）仪器附件

pHS-3C 的仪器附件见图 23。

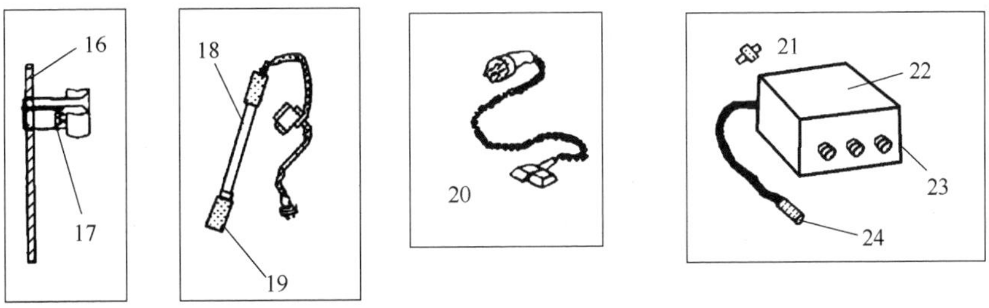


图 23　pHS-3C 仪器附件

16—电极梗；17—电极夹；18—E-201-C-9 型塑壳可充式 pH 复合电极；19—电极套；20—电源线；21—Q9 短路插头；22—电极转换器；23—转换器插座；24—转换器插头

## 2. 操作步骤

（1）开机前准备

① 电极梗 16 旋入电极梗插座 5，调节电极夹 17 到适当位置；

② 把复合电极 18 夹在电极夹 17 上，拉下电极前端的电极套 19；

③ 用蒸馏水清洗电极，清洗后用滤纸吸干。

（2）开机

① 电源线 20 插入电源插座 11；

② 按下电源开关 12，电源接通后，预热 30min，接着进行标定。

（3）标定

仪器使用前，先要标定。一般说来，仪器在连续使用时，每天要标定一次。

① 在测量电极插座 15 处拔去 Q9 短路插头 21；

② 在测量电极插座 15 处插上复合电极 18；

③ 如不用复合电极，则在测量电极插座 15 处插上电极转换器的插头 24，玻璃电极插头插入转换器插座 23 处，参比电极接入参比电极接口 14 处；

④ 把选择开关旋钮 9 调到 pH 档；

⑤ 调节温度补偿旋钮 8，使旋钮白线对准溶液温度值；

⑥ 把斜率调节旋钮 7 顺时针旋到底（即调到 100%位置）；

⑦ 把清洗过的电极插入 pH=6.86 的缓冲溶液中；

⑧ 调节定位调节旋钮，使仪器显示读数与该缓冲溶液当时温度下的 pH 相一致（如用混合磷酸盐定位温度为 10℃时，pH=6.92）；

⑨ 用蒸馏水清洗电极，再插入 pH=4.00（或 pH=9.18）的标准缓冲溶液中，调节斜率旋钮使仪器显示读数与该缓冲液中当时温度下的 pH 一致；

⑩ 重复⑦～⑨直至不用再调节定位或斜率两调节旋钮位置，仪器完成标定。

注意：

① 经标定后，定位调节旋钮及斜率调节旋钮不应再有变动。

② 标定的标准缓冲溶液第一次应用 pH=6.86 的溶液，第二次应接近被测溶液的值，如被测溶液为酸性时，缓冲溶液应选 pH=4.00；如被测溶液为碱性时，则选 pH=9.18 的缓冲溶液。

③ 一般情况下，在 24h 内仪器不需再标定。

（4）测量 pH

经标定过的仪器，即可用来测量被测溶液。被测溶液与标定溶液温度不同，测量步骤也有所不同。

① 被测溶液与定位溶液温度相同时，测量步骤如下：

A. 用蒸馏水清洗电极头部，用被测溶液清洗一次；

B. 把电极浸入被测溶液中，用玻璃棒搅拌溶液，使溶液均匀，在显示屏上读出溶液的 pH。

② 被测溶液和定位溶液温度不同时，测量步骤如下：

A. 用蒸馏水清洗电极头部，用被测溶液清洗一次；

B. 用温度计测出被测溶液的温度值；

C. 调节“温度”调节旋钮 8，使白线对准被测溶液的温度值；

D. 把电极插入被测溶液内，用玻璃棒搅拌溶液，使溶液均匀后读出该溶液的 pH。

（5）测量电极电位（mV）值

① 把离子选择性电极或金属电极和甘汞电极夹在电极架上；

② 用蒸馏水清洗电极头部，用被测溶液清洗一次；

③ 把电极转换器的插头 24 插入仪器后部的测量电极插座 15 内，把离子电极的插头插入转换器的插座 23 内；

④ 把甘汞电极接入仪器后部的参比电极接口上；

⑤ 把两种电极插在被测溶液内，将溶液搅拌均匀后，即可在显示屏上读出该离子选择性电极的电极电位（mV），还可自动显示 ± 极性。

⑥ 如果被测信号超出仪器的测量范围，或测量端开路时，显示屏会不亮，作超载报警。

# 附录四　电导率仪

## 一、电导率仪的测量原理

物质导电能力的大小通常用电阻 $R$ 或电导 $G$ 表示，水溶液与金属导体一样也具有电阻，其电阻也符合欧姆定律。对于水溶液体系，其导电能力的大小常用电导和电导率来表示：

$$G=\frac{1}{R}=\frac{1}{\rho}\times\frac{A}{l}=\kappa\frac{A}{l}$$

式中，$\kappa$ 是电导率，表示在相距 1cm，电极面积为 $1cm^2$ 的两极之间溶液的电导，$S \cdot cm^{-1}$。

在电导池中，电极面积和距离是一定的，因此对一电极 $A/l$ 是一常数，称为电极常数，令 $J=l/A$，则 $G=\kappa/J$（或 $\kappa=GJ$）。对不同电极，其电极常数 $J$ 不同，因此测出同一溶液的电导 $G$ 也不同，而电导率 $\kappa$ 的值与电极本身无关，因此用电导率来反映溶液的导电能力更为恰当。

电导率仪是实验室测量溶液电导率的仪器，由电导电极和电导仪组成。将两个电极插入溶液中，测定两极间的电阻 $R$ 即可知其电导，若电极常数 $J$ 已知，溶液的电阻 $R$ 已测得，则电导率 $\kappa$ 可求得。对于一个给定的电极，电极常数 $J$ 为一定值。实际中电极常数 $J$ 是通过测定标准 KCl 溶液的电阻 $R$，再由上式求得（在一定温度下标准 KCl 溶液的电导率已有精确的测定文献值）。

测定溶液电导率使用的电极一般由铂片制成，可分镀铂黑和光亮两种。在测定电导较大的溶液时，用铂黑电极；在测定电导较小的溶液时，用光亮电极。市售的电导仪电极上都标有电极常数。

## 二、CON 510 型台式电导率仪的结构及使用方法

CON 510 型台式电导率仪（图 24）是一台微处理仪器，它不仅可以用来测量电导率、总固体溶解度（TDS）和温度（℃/℉），而且具有强大的记忆功能，能够储存多达 50 组数据。此外，仪器还具有用户自定义功能，这些功能都能简单地通过触摸按键实现。

**1. 仪器结构**

（1）显示（如图 25）

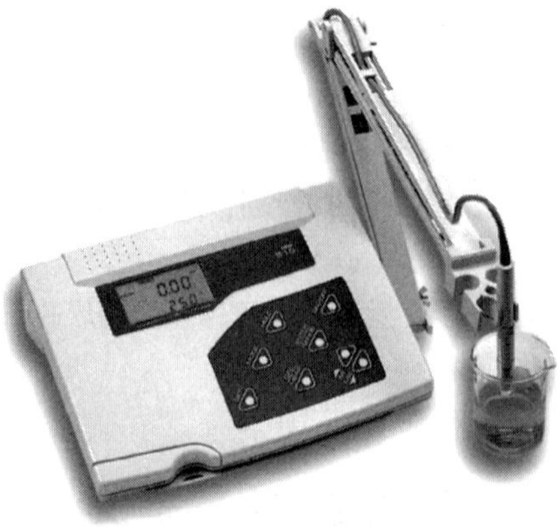

图 24　CON 510 型台式电导率仪外观图

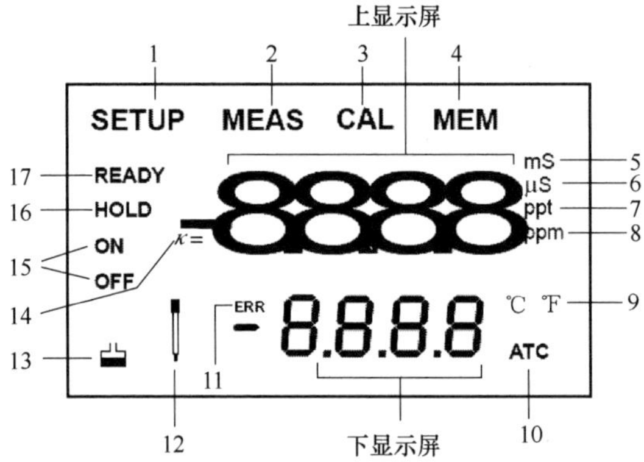


图 25　CON 510 型台式电导率仪显示屏

1—设置模式显示器；2—测量模式显示器；3—校正显示器；4—记忆模式显示器；5—毫西门子显示器（mS）；6—微西门子显示器（μS）；7—千万分之一显示器（ppt）；8—百万分之一显示器（ppm）；9—温度刻度指示器（℃/℉）；10—自动温度补偿指示器；11—错误显示器；12—电极显示器；13—校正溶液显示器；14—电池常数显示器；15—开/关显示器；16—锁定显示器；17—开始显示器

（2）键盘（如图 26）

本仪器采用触摸按键，每按键一次，都会在 LCD 显示屏上有相应的图标或指示器。一些按键，在不同的操作模式中，有着不同的功能（表 2）。

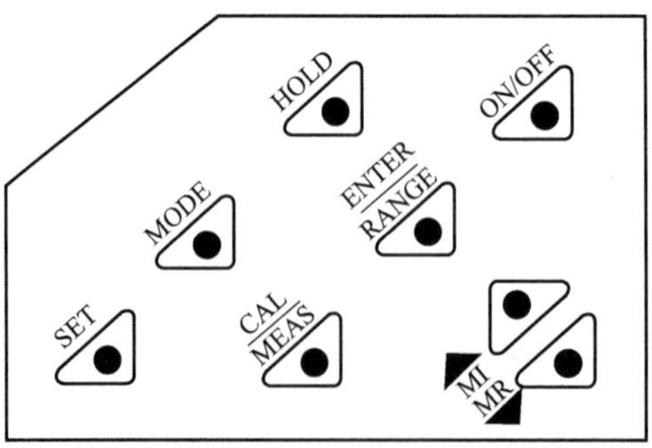


图 26　CON 510 型台式电导率仪键盘

表 2　CON 510 型台式电导率仪键盘按键功能

| 按键 | 功能 |
| --- | --- |
| ON/OFF | 开机和关机。当开启仪器时，仪器进入上次关机时的模式。例如，上次是在 TDS 测量模式中关机的，当开机时，仪器进入 TDS 测量模式 |
| HOLD | 锁定读数。想要锁定读数，请在测量模式中按 HOLD 键，想要解锁，请再按一次 HOLD 键 |
| MODE | 选择测量的参数。在电导率和 TDS 中选择 |
| CAL/MEAS | 在校正和测量模式之间切换。注意：温度校正只有从电导率/TDS 校正模式切换过来才有效 |
| ENTER / RANGE | ENTER 功能：在校正模式中，按键确认数值；在设置功能中，按键确认选择<br>RANGE 功能：按键进入手动量程切换功能<br>MEAS 会在手动量程切换时闪现 |
| MI & MR ▼/▲ | 在测量模式中：按 MI（记忆输入）输入相应温度的数值。按 MR（记忆调用）调用记忆（最后输入，首先调出）<br>在校正模式中：按键选择校正数值<br>在设置模式中：按键选择设置功能子菜单中的程序 |
| SET | 进入设置模式。这种模式可自定义仪器的参数和默认值，查看校正、电极补偿数据和选择的电池常数 |

（3）电极

CON 510 型台式电导率仪自带有一配套的电极（如图 27），这种电导率/TDS 电极带有不锈钢的环，电池常数 $K=1.0$，带有内置的温度传感器，可以实现自动温度补偿（ATC）。外壳是由热塑性聚醚酰亚胺树脂制造的，具有很好的对化学药品的抵抗能力。

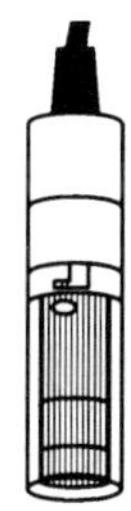

图 27　CON 510 型台式电导率仪电极

**2. 使用方法**

（1）校正仪器。采用自动校正。

① 按 MODE 键，选择电导率模式。

② 用去离子水清洗电极，然后用少量 1413μS・$cm^{-1}$（0～2000μS・$cm^{-1}$）标准液清洗。

③ 将电极浸入校正标准液中。溶液要超过上面的钢圈。用电极轻轻地搅动溶液直到溶液均匀。等待读数稳定。

④ 按 CAL/MEAS 键，进入电导率校正模式。[CAL]字样会出现在屏幕的右上角。

⑤ 屏幕下方会扫描和即刻锁定最接近原先设置好的数值的数据。在数据被锁定之前就按键会有错误信息提示，仪器继续校正模式。

⑥ 等待[READY]字样出现后，按 ENTER 键确认校正数值。如果校正成功，屏幕上方显示“dOnE”字样。仪器返回到[MEAS]测量模式。

（2）进行测量

① 每次使用前后，用去离子水或蒸馏水清洗电极，以便去除黏附在电极表面的杂质。用滤纸吸干或风干。为了避免样品受污染或被稀释，用少量的样品溶液冲洗电极。

② 将电极浸入样品中。确保溶液超过电极上面的一个钢圈。轻轻地搅动样品，保持溶液的均匀。

（3）等待读数稳定。记录下显示屏上的读数。

（4）按 MODE 键可实现在电导率和 TDS 测量模式之间切换。

**3. 注意事项**

（1）按键动作要轻。

（2）电极在每次使用前后，用去离子水或蒸馏水清洗。再用滤纸吸干电极，切勿用力擦干。

（3）电极浸入样品中，要确保溶液超过电极最上面的一个钢圈。

（4）实验完毕后，清洗干净电极。

# 附录五　分光光度计

分光光度计是利用物质对单色光的选择性吸收来测定物质含量的仪器。实验室常用的国产分光光度计有 721 型、724 型、722 型、751 型、V-5600PC 型等。

## 一、分光光度计的基本原理

一束单色光通过有色溶液时，溶液中的有色物质吸收了一部分光，吸收程度越大，透过溶液的光越少。如果入射光的强度为 $I_0$，吸收光的强度为 $I_a$，透过光的强度为 $I$，则透光率和吸光度分别为：

$$透光率\ T=\frac{I}{I_0}$$

$$吸光度\ A=-\lg T$$

实验证明，当一束单色光通过一定浓度范围的有色溶液时，溶液对光的吸收程度符合朗伯-比尔定律，即：

$$A=\varepsilon cL$$

式中，$c$ 为溶液的浓度，$mol \cdot L^{-1}$；$L$ 为溶液的厚度，cm；$\varepsilon$ 为摩尔吸光系数，$L \cdot mol^{-1} \cdot cm^{-1}$。

摩尔吸光系数的数值和入射光的波长以及溶液的性质、温度有关。由朗伯-比尔定律可知，当入射光的波长、测定温度和液层的厚度（比色皿厚度）一定时，吸光度 $A$ 只与溶液的浓度成正比。这就是分光光度计测定物质含量的理论基础。

分光光度计的光源发出白光，通过棱镜或光栅分解成不同波长的单色光，单色光在经过待测溶液后，透过光通过光电池或光电管转变为电讯号，在微安表上可以直接读出吸光度。

若以不同波长的单色光依次透过某一有色溶液，并测定其在不同波长时的吸光度。以波长为横坐标，吸光度为纵坐标，可绘出一条吸收曲线。不同物质的吸收曲线各不相同，用已知纯物质的吸收曲线和样品的吸收曲线相对照，即可推测出样品为何物，这就是定性测定。

选用吸收曲线中吸收最显著的波长作为测定波长，测定一系列不同浓度的被测纯物质溶液（标准溶液）的吸光度，以标准溶液的浓度为横坐标，吸光度为纵坐标，绘出吸光度-浓度的标准曲线。根据朗伯-比尔定律，若测得含有该物质的溶液（待测试样）的吸光度后，即可由吸光度-浓度的标准曲线确定被测物质在待测试样的含量，这就是定量测定。

## 二、V-5600PC 型分光光度计结构及使用方法

V-5600PC 型分光光度计是一种简洁易用的分光光度法通用仪器，能在 190～1100nm 波长范围内适用于医学卫生、临床检验、生物化学、石油化工、环保监测、质量控制等部门做定量分析用。

**1. 仪器结构**

V-5600PC 型分光光度计外观如图 28 所示。

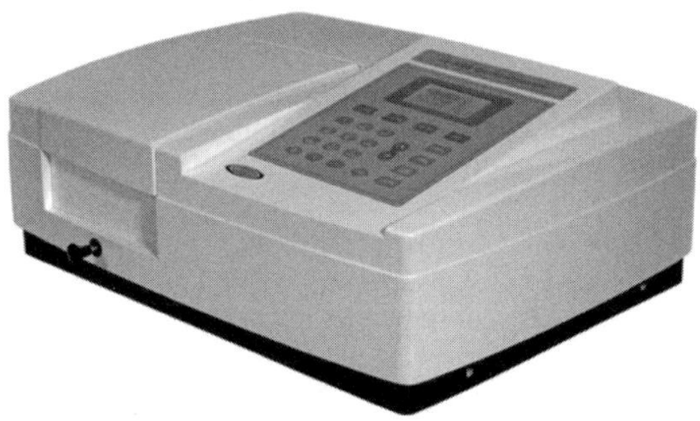

图 28　V-5600PC 型分光光度计外观图

**2. 使用方法**

（1）开机、系统自检和预热。打开电源，系统开始启动，快速进入自检，预热 20min。

（2）进入仪器操作主界面。按上下键调至“光度测定”模式，按“ENTER”键，即进入光度测定主界面。

（3）调整波长。按“GOTO λ”键，输入波长值，按“ENTER”键确认。按“SET”键进入测定模式选择界面，选择“吸光度”或“透过率”，按“ENTER”键确认。

（4）样品液准备。将空白样品（参比液）和样品液分别装入比色皿，比色皿有光面和毛面，手握毛面，比色皿光面对着光路。

（5）调 0.000Abs/100%$T$。将装有空白样品的比色皿置入样品室光路中，按“ZERO”键，在当前测定波长下对空白样品进行调整 0.000Abs/100%$T$。

（6）测定。将样品光路中的空白样品取出，换上待测溶液后再放入样品光路中，按“START”键，则显示值即为样品测定结果。

（7）清洁。测试完样品后，洗净比色皿。看是否污染仪器，进行适当的处理，关掉电源，做好仪器使用记录。

**3. 注意事项**

（1）开机前检查样品室，确保仪器光路畅通（样品室内没有任何挡光物体，且样品架

定位正确)，以免造成仪器自检出错。

（2）比色皿盛取溶液时只需装至比色皿的 2/3 即可，不要过满，避免在测定时的拉动过程中溅出溶液，使仪器腐蚀。

（3）注意保护比色皿的光学面，不得用手拿光学面，在擦去光学面上的水分时，应用绸布或擦镜纸按一个方向轻轻擦拭，不得用力来回摩擦。

（4）测试过程中，取放样品后要及时关闭样品室盖；样品室盖应轻开、轻关；拉杆要轻拉轻放。测试完毕，应及时将样品从样品室中取出，并检查确保样品室干燥、无液体残留。

吸光光度法在舰用锅炉
水水质分析中的应用

# 参考文献


[1] 赵华绒，曾秀琼，刘占祥，等．大学化学基础实验［M］．3版．北京：科学出版社，2023.

[2] 李红霞，苏小红，肖玲，等．材料科学与工程专业实验教程［M］．北京：化学工业出版社，2023.

[3] 田玉美．新大学化学实验［M］．5版．北京：科学出版社，2024.

[4] 张丽丹．新编大学化学实验［M］．北京：化学工业出版社，2020.

[5] 李厚金．基础化学实验［M］．2版．北京：科学出版社，2015.

[6] 林旭锋，李宁，顾昊睿，等．新编普通化学实验［M］．4版．北京：高等教育出版社，2024.

[7] 刘利，张进，姚思童．普通化学实验［M］．北京：化学工业出版社，2020.

[8] 龚跃法．基础化学实验-无机与分析化学实验分册［M］．北京：高等教育出版社，2020.

[9] 龚跃法．基础化学实验-物理化学实验分册［M］．北京：高等教育出版社，2021.

[10] 龚跃法．基础化学实验-有机与高分子实验分册［M］．北京：高等教育出版社，2021.

[11] 贾琼，周伟红，曲保中．新大学化学［M］．5版．北京：科学出版社，2024.

[12] 浙江大学普通化学教研组．普通化学［M］．7版．北京：科学出版社，2020.

[13] 陈祥迎，蒋英，朱燕舞，等．大学化学［M］．3版．北京：科学出版社，2022.

[14] 华彤文，王颖霞，卞江，等．普通化学原理［M］．4版．北京：北京大学出版社，2013.